世界文学名著名译典藏

全译插图本

地心游记

〔法〕儒勒·凡尔纳◎著　陈筱卿◎译

VOYAGE AU CENTRE DE LA TERRE

长江出版传媒｜长江文艺出版社

图书在版编目（C I P）数据

地心游记 / （法）儒勒·凡尔纳著；陈筱卿译. --
武汉：长江文艺出版社，2018.5
（世界文学名著名译典藏）
ISBN 978-7-5702-0224-9

Ⅰ. ①地… Ⅱ. ①儒… ②陈… Ⅲ. ①科学幻想小说
－法国－近代 Ⅳ. ①I565.44

中国版本图书馆 CIP 数据核字(2018)第 031559 号

责任编辑：孙晓雪　　　　责任校对：陈　琪
封面设计：格林图书　　　　责任印制：邱　莉　胡丽平

出版：长江出版传媒 | 长江文艺出版社
地址：武汉市雄楚大街 268 号　　邮编：430070
发行：长江文艺出版社
电话：027—87679360
http://www.cjlap.com
印刷：中印南方印刷有限公司

开本：880 毫米×1230 毫米　1/32　　印张：8.25　插页：4 页
版次：2018 年 5 月第 1 版　　2018 年 5 月第 1 次印刷
字数：167 千字

定价：26.00 元

中译本序

儒勒·凡尔纳（1828—1905）是法国十九世纪的一位为青少年写作探险小说的著名作家，特别是作为科幻小说题材的创始人而享誉全世界。

十九世纪最后的二十五年，人们对科学幻想的爱好大为流行，这与这一时期物理、化学、生物学领域所取得的巨大成就以及科学技术的迅猛发展密切相关。凡尔纳在这一时代背景之下，写了大量科幻题材的传世之作。他在自己的作品中描写了许多志趣高尚的人，他们完全献身于科学，从不计较个人的物质利益。作者笔下的主人公都是一些天才的发明家、能干的工程师和勇敢的航海家。他通过自己的主人公，希望体现出当时知识分子的优秀品质，体现出从事脑力劳动的人与资产阶级投机钻营、贪赃枉法之人的不同之处。

凡尔纳的代表作有《格兰特船长的儿女》《海底两万里》《神秘岛》《八十天环游地球》等，为世界各国读者，包括中国读者所熟知。

《地心游记》首次出版于1864年，是凡尔纳早期的著名科幻小说之一。故事讲述的是德国地质学家里登布洛克受前人的一封密码信的影响，带着其侄儿和向导，进行了一次穿越地心的探险旅行。他们从冰岛的一座火山口下去，沿途克服了缺水、迷路、暴风雨等艰难险阻，终于沿西西里的一座火山回到了地面。这部作品情节曲折，语言流畅，凭借其非凡的想象力，呈现给读者一个超越时空的幻想世界。

陈筱卿

目录 Contents

第一章　里登布洛克叔叔

1863年5月24日，星期日，我叔叔里登布洛克教授匆匆忙忙地回到自己的小宅子。他的住宅是在科尼斯街十九号，那是汉堡旧城区里的一条最古老的街道。

女仆玛尔塔刚把饭菜坐在炉子上，以为自己把饭做晚了呢。

“这下可好，叔叔是个急脾气，说饿就饿，饭菜马上就得端上来，否则他会大声嚷嚷的。”我心里在作如是想。

“里登布洛克先生今天回来得这么早呀！”玛尔塔轻轻推开餐厅的门，紧张惶恐地对我说。

“是回来得早了些，玛尔塔。饭未准备好没有关系，现在两点还没到呢。圣米歇尔教堂的钟刚敲了一点半。”我回答她道。

“可教授先生为什么这么早就回来了？”

“他自己大概会告诉我们原因的。”

“他来了！我得走开了。阿克赛尔先生，请您跟他解释一下吧。”

玛尔塔说完便回到厨房里去了。

我留在了餐厅里。可是，教授脾气急躁，而我又优柔寡断，让我如何去叫教授熄熄火呢？于是，我便打算溜回楼上我的小房间里去，可是，大门突然被推了开来；沉重的脚步声在楼梯上咯噔咯噔地响。屋主人穿过餐厅，径直奔向自己的书房。

在穿过餐厅时，他把自己那圆头手杖扔在了屋角，又把宽边帽子扔到了桌上，并向我——他的侄儿大声喊道：

“阿克赛尔，跟我来！”

我正要跟过去，只听见教授已经不耐烦地又冲我喊了一嗓子：

“怎么了？你还不过来！”

我赶忙奔进了我这位令人望而生畏的老师的书房。

里登布洛克其实人并不坏，这一点我心知肚明。但是，说实在的，除非出现什么奇迹，否则他这一辈子都是个可怕的怪人。

他是约翰大学的教授，讲授矿物学。他每次讲课，总会发那么一两次火的。他并不关心自己的学生是否都来上课，是否认真听讲，是否将来会有所成就。说实在的，这些事对他来说，都是细枝末节，小事一桩，他从不放在心上。用德国哲学家的话来说，他这是在“主观地”授课，是在为自己讲课，而不是在为他人讲课。他是一个自私的学者，是一个科学的源泉，但想从这科学的源泉汲取水分，那却并非易事。

总而言之，他是个悭吝①人。

在德国，有这么几位教授同他一个德性。

遗憾的是，我叔叔虽身为教授，但说起话来却并不利索。在熟人之间情况尚好，在公开场合就很不尽如人意了。对于一位授课者，这可是个致命的弱点。确实，他在学校讲课时，常常会突然卡壳，常常因为某个刁钻古怪、生僻难说的词而打住话题。那个词在抗拒着他，不愿就范，以致把教授逼到最后，只好说出一句不太科学的粗话，然后自己又火冒三丈，大发脾气。

---

① qiān lìn，吝啬、小气。

在矿物学中，许多名称都采用的是半希腊文半拉丁文的名称，十分难发音，甚至诗人见了都挠头。我这并不是在对这门科学大放厥词①，我根本就没这个意思。可是，当你碰到一些专有名词，比如："零面结晶体""树脂沥青膜""盖莱尼岩""方加西岩""钼酸铅""钨酸锰""钛酸氧化铣"等时，口齿再伶俐的人读起来也磕磕巴巴的。

在这座城市里，人人都知道我叔叔这一情有可原的毛病，他们借机来出他的洋相，专门等着他碰上这种麻烦词，看他出错，等他发火，借机开心。这么做，即使在德国人看来，也是很失礼的。来听里登布洛克教授讲课的人总是很多，但其中总有不少的人是专门来看教授大发雷霆，并以此为乐的。

不管怎么说，我必须强调一点，那就是我叔叔是一位真正的学者。他虽然有时会因动作笨拙而把标本搞坏，但他却具有地质学家的天赋和矿物学家的敏锐观察力。他在他的锤子、钻子、磁针、吹管和硝酸瓶中间可是如鱼得水、驾轻就熟。他能够凭借一块矿石的裂痕、外表、硬度、熔性、声响、味道，毫不犹豫地判断出它在当今科学所发现的六百多种物质中属于哪一种门类。

因此，在各高等院校及国家学术学会中，里登布洛克的名字都是响当当的。亨夫里·戴维先生②、德·洪伯尔特先生③、约翰·富兰克林④、爱德华·萨宾爵士⑤等，每次路过汉堡，都要前来拜访他。此外，安托万·贝克莱尔先生（法国物理学家）、雅克-约瑟夫·埃贝尔曼先生（法国化学家）、戴维·布雷维斯特爵士（苏格兰

---

① 原指极力铺陈辞藻，现多指夸夸其谈，大发议论（含贬义）。

② 1778—1829，英国化学家、物理学家。

③ 1769—1859，德国博物学家、旅行家。

④ 1786—1847，英国航海家、探险家，在极地考察时不幸身故。

⑤ 1788—1883，英国物理学家，研究地球磁场，并赴北极考察。

物理学家)、让-巴蒂斯特·迪马先生（法国化学家)、亨利·米尔纳-爱德华先生（法国动物学家、生理学家)、亨利-艾蒂安·桑特-克莱尔-德维尔先生（法国化学家）等也都喜欢向我叔叔求教化学领域里的一些棘手的问题。我叔叔在化学这门科学中，有过许多重大发现。1853年，奥托·里登布洛克教授在莱比锡出版了《超结晶学通论》。这是一本附有铜版插图的巨著，但因成本过高，赔钱不少。

另外，我叔叔还当过俄国大使斯特鲁维先生的矿物博物馆馆长。该博物馆之馆藏在整个欧洲享有盛名。

在厉声呼喊我的正是这个人。他身材高挑，清瘦，腰板结实，一头金发，人显年轻，虽已届五旬，但看上去顶多四十来岁。他的两只大眼睛总在宽大的眼镜后面转动；他的鼻子细长，像是一把刀具。有些调皮的学生说他那鼻子好似吸铁石，能够吸起铁屑。其实，这是胡说，他的鼻子倒是喜欢吸鼻烟，而且吸得很多。

还有一点，我得补充一句，我叔叔走路时步子很大，一步可迈出三英尺，而且走路时双拳紧握。这表明其脾气之暴烈，因此，别人对他总是敬而远之。

里登布洛克叔叔所住的科尼斯街的宅子，是一幢砖木结构的房子，山墙呈锯齿状，屋前有一条蜿蜒曲折的运河穿过汉堡旧城，与其他运河相通。1842年这里曾发生一起大火，但科尼斯街区却幸免于难。

没错，这所老房子是有些歪斜，而且中间凸出，倾向马路。它的屋顶也像美德协会①的学生所戴的帽子。该屋的垂直度也颇为不佳。不过，总的来说，还算是挺牢固的，因为屋前长着一棵根深叶茂的老榆树。每到春天，榆树花便会伸到玻璃窗里来。

---

① 德国的一个政治团体，于1808年成立，旨在激励人民，以振兴普鲁士。该团体成员多为大学生。

我叔叔在德国教授中算是颇为富有的。这所房子以及居住在里面的人，全都为他所有。居住其中的有：他的养女格劳班，芳龄十七，维尔兰①人；另外就是女仆玛尔塔和我。我无父无母，是他的侄儿，自然就当了他科学实验的助手。

说实在的，我对地质学也入了迷。我的血管里也流着矿物学家的血液，因此，我不会讨厌那些弥足珍贵的石头。

总而言之一句话，尽管科尼斯街这个小屋的主人脾气古怪，但大家住在这里还是很惬意的。叔叔虽然脾气急躁，但还是挺喜欢我的。他生来就是这么个急脾气，也无可厚非，知道了也就行了。

4 月里，他在客厅的陶土盆里种了些木犀草②和牵牛花，你瞧瞧吧，他天天早晨都要跑去拉拉叶子，想让花草长得快些。

---

① 爱沙尼亚一城市名。

② 木犀草主要分布在温带和亚热带地区，通常为一年生，花朵有桂花香气。

第二章　神秘的羊皮纸

他的书房简直就像是一间博物馆。所有的矿物标本都工工整整地贴上了标签，按照可燃矿物、金属和岩石三大类别，井然有序地摆放着。

我对这些矿物学里的玩意儿真的是太熟悉了！我经常放弃与同龄的孩子们玩耍，高兴地去抚摩那些石墨、无烟煤、褐煤、木炭、泥煤标本。我还去替那些沥青、树脂、有机盐标本掸去灰尘。另外，我也没忽视那些其相对价值在科学标本的绝对平等面前已完全消失了的金属矿石——从铁矿石到黄金矿石。再有就是那些一堆堆的岩石，数量之多，是可以建造一座我们这样的小屋了。要是真的用这些岩石造屋，那对我来说，就宽畅多了。

可是，当我走进这间书房时，我却并未考虑这些珍宝。我脑子里缠绕着的就是我的叔叔。

他坐在他那把乌德勒支①绒的大扶手椅里，手里拿着一本书，在钦羡无比地观赏着它。

---

① 荷兰中部城市，在十九世纪是荷兰铁路网的枢纽。

“多么了不起的书啊！多么了不起的书啊！”他大声地喊道。

他的赞叹使我立即想起我的这位教授叔叔闲暇时喜欢收藏图书。但在他看来，只是那些难以觅得且难以读懂的书才是无价之宝。

“你看到这本书了吗？”他对我说道，“这可是一件奇珍异宝啊！是我今天上午在犹太人埃弗琉斯的小书店里觅得的。”

“真棒！”我装着兴奋的样子敷衍道。

说实在的，不就是一本旧书嘛，有什么值得大惊小怪的！书脊和封面看上去都是粗糙的牛皮制的，书都已经变旧发黄了，里面还夹着一枚褪了色的书签。

可此刻，教授依然沉浸在惊喜之中，仍在不停地赞叹着。

“你看，”他自问自答地说，“这本书漂亮不漂亮？简直是美不胜言啊！你瞧这装帧！这本书翻看起来容易不？很容易，因为翻到任何一页它都平稳地摊开着。它合起来严实不？很严实，因为它的封面与书页紧紧地合在一起，任何地方都不会张开和散落。它的书脊都六七百年了，也没有一点裂痕！啊！这种装帧连伯泽里安、克洛斯和普尔高尔德（十九世纪的书籍装帧大师）见了也都会自愧弗如的！”

叔叔边自言自语边不停地翻弄着这本旧书。我虽然对它一点兴趣也没有，但也只得勉为其难地问一声叔叔此书的内容。

“这本奇书书名是什么呀？”我表情略显夸张地问道。

“这本书吗？”叔叔激动不已地回答我说，“是斯诺尔·图勒松①的《王纪》。此人系十二世纪冰岛的著名作家，讲述的是挪威诸王统治冰岛的编年史。”

---

① 斯诺尔·图勒松系作者笔误，应为斯诺里·斯蒂德吕松（1179—1241），冰岛领主，诗人，其著作《王纪》（又译为《挪威王列传》）是北欧古代文学的主要作品之一。

“是吗？”我假装惊讶地说，“那它一定是德文译本了？”

“哼！”叔叔有点动气地说，“译本？我要译本干什么？谁稀罕译本？这是原文版，是冰岛文本！冰岛文很独特，既丰富又简洁，其语法结构变化多端，而其词汇也意义丰富！”

“那不是与德文一样吗？”我兴奋地说。

“是啊，”叔叔耸了耸肩膀说，“但也有点不同，冰岛文像希腊文一样有三重性，名词像拉丁文一样有变化。”

“是吗？”我开始有点惊奇了，“那这本书的字体漂亮吗？”

“字体？你在胡扯什么呀，可怜的阿克赛尔！什么字体呀？你以为是印刷版呀？这可是一本手稿，傻瓜，是用卢尼字母书写的。”

“卢尼字母？”

“是啊，你现在该要问我什么是卢尼字母了吧？”

“这个我懂。”我的自尊心不免受到了点伤害，没好气地顶了叔叔一句。

但叔叔并未动气，不管我愿意不愿意听，只顾滔滔不绝地解释开来。

“卢尼字母嘛，”他说道，“那是早前在冰岛所使用的一种字母。据传说，还是天神奥丁①所创造的呢！你来看看，无知的孩子，好好欣赏一番由天神所创造出来的这些字母吧！”

说实在的，我真的是无言以对，真的是佩服得五体投地了。我若真的跪拜，天神和国王们会高兴的，因为如此一来，他们也就不会觉得我出言不逊了。

可是，正在这个时候，出现了一个意外情况，中止了我和叔叔的对话：一张污秽的羊皮纸从书中滑落，掉在了地上。

---

① 北欧神话中的众神之王，传说他闯入冥界，为人类取得古文字。他还是战神和魔法之神。

叔叔眼疾手快地将它捡起来。他这么着急是情理之中的事，因为他觉得一份古老的文件，藏于一本古旧书中已经年累月，当然是弥足珍贵的了。

“此为何物？”他大声嚷道。

他边说边小心翼翼地把那一小张羊皮纸摊开在桌子上。这张羊皮纸长五英寸，宽三英寸，上面横向排列着一些似符咒般难懂的文字。

下面就是临摹下来的原文。我竭尽全力依葫芦画瓢地把这些古怪的符号记下来介绍给大家，因为正是这些古怪符号使得里登布洛克教授及其侄儿进行了一次十九世纪最为离奇的旅行：

教授对这些古怪符号研究了片刻，然后将眼镜推到额头上说：

“此为卢尼字母，它们与斯诺尔·图勒松手稿上的文字一模一样！可是……这些字是什么意思呢？”

我认为所谓卢尼字母，纯粹是一些学者创造出来难为人、捉弄人的，所以，当我发现叔叔弄不明白纸上的那些文字时，我确实是颇有点高兴的。我看见他的手指开始颤抖，而且抖得还挺厉害。

“这确实是古冰岛文呀！”他咬紧牙关自言自语道。

里登布洛克教授应该是能认识这些文字的，因为他精通多种语言。如果说他并不能流利地说地球上的两千多种语言和四千多种土语的话，那他起码是懂其中的一大部分语言的。

面对这种困难，他的急躁脾气自然会表现出来。我已经预感到他那暴风雨就要袭来，可正在这时候，壁炉架上的钟敲了两下。

与此同时，女仆玛尔塔推开书房门说：

“午饭已经准备好了。”

“什么午饭？一边去！”叔叔大声呵斥道，“让做午饭的和吃午饭的都一边去！”

玛尔塔赶忙走开了。我紧随其后，晕头晕脑地坐在了我在餐厅里常坐的那个座位上。

我等了片刻，不见教授前来。据我所知，这还是他生平头一次放弃了神圣的午餐。而且，今天的午餐可真是丰盛至极啊！一道香芹汤、一道火腿煎鸡蛋和豆蔻酸馍、一道小牛肉加糖煮李子卤，甜食是糖渍大虾，佐餐酒则是莫赛尔葡萄酒。

我叔叔竟然为了一张破旧的纸片舍弃了这么美味的饭菜。说实在的，作为他的颇具孝心的侄儿，我觉得我有义务为了我自己，也为了他，把这顿午餐吃掉。我也真的是问心无愧地这么做了。

“我还从未见过这等事！”女仆玛尔塔在一旁嘟囔着，“里登布洛克先生竟然会不来用午餐！”

“真是不可思议。”

“这说明要发生什么大事了！”老女仆摇着头叨叨着。

但我却并不这么认为，不会发生什么大事的，除非叔父大人发现自己的那份午餐被别人吃得一干二净后大发脾气。

我正在吃甜食中的最后一只大虾，叔父大人突然一声大喊，打断了我品尝甜食的兴头。我三步并作两步地冲进了书房。

第三章　叔叔也困惑不解

“这明显是卢尼字母，”教授紧蹙①着眉头说，“可是，这其中藏有一个秘密，我一定要把它挖出来，否则……”

他猛地挥动了一下拳头，结束了自言自语。

“坐那儿去，”他用拳头指着桌子说，“我说你写。”

我赶忙做好准备。

“现在，我来把这些冰岛文字相应的德文字母读出来，你边听边记下来，然后我们再来看看是个什么结果。不过，你得向圣米歇尔②保证，可别记错了！”

我开始听他口授。我尽我之所能尽量准确地记录着。字母一个接一个地读了出来，组成了下面的这些难以理解的文字：

mm. rnlls	*esreuel*	*seecJde*
sgtssmf	*unteief*	*niedrke*

① cù，皱（眉头），收缩。

② 基督教中的大天使。

kt，samn	*atrateS*	*Saodrrn*
emtnael	*nuaect*	*rrilSa*
Atvaar	*. nscrc*	*ieaabs*
ccdrmi	*eeutul*	*frantu*
dt，iac	*oseibo*	*KediiY*

记录完了之后，叔叔立即将我刚写下的那张纸一把抓了过去，仔仔细细地认真研究了良久。

“这究竟是个什么意思呀？”他机械地自言自语着。

说实在的，我也不明白，无法回答他。再说，他是在自言自语，并未在问我。

“这就是我们所说的密码信，”他继续在自言自语着，“信中的含义就隐藏在这些故意弄乱的字母中。如果将它们正确地排列出来，就能得出人们能够看得懂的话来。我猜测，也许这里面隐匿着一种说明或暗示，从而使我们了解到一个重大的发现！”

可是，在我看来，里面什么含义都没有，但出于谨慎，我并没把自己的心里话说出来。

叔叔又拿起那本古旧书和那张羊皮纸，仔细地比较来比较去。

“这两份东西并非出自同一个人之手，”叔叔说道，“这封密码信是写于这本书之后的，我已发现一个确凿无疑的证据。这信的起始字母是两个m，这在图勒松的书中是怎么也找不到的，因为这种写法直到十四世纪才被冰岛文字所接受。因此，手稿与密码信之间起码相差两百年。”

我不得不承认，叔叔的推论合乎逻辑。

“因此，我想，”叔叔接着说道，“这些神秘的字母可能是这部手稿的某一位收藏者新写的。可是，这个该死的收藏者究竟是谁呢？他会不会将自己的名字写在书中的某个地方呢？”

叔叔又把眼镜推到额头上，拿起一个大倍数的放大镜，仔细地检查该书的头几页。在第二页的背面，亦即有副标题的那一页，他发现了一些污迹，乍看上去，像是墨水渍。可是，再仔细地察看，却可以辨认出一些大半被擦去了的字母。叔叔认为这可是值得加以探究的，于是，他认真仔细地辨认起这些字迹来。凭借那个高倍放大镜，他终于认出了以下的这些符号，而且认出那也是卢尼字母，便毫不犹豫地读了出来：

“阿尔纳，萨克努塞姆！”他以胜利者的口吻大声念道，“这是一个人的名字，而且还是一个冰岛人的名字！这是十六世纪的一位学者，一位非常有名的炼金术士！”

我怀着钦佩的心情看着叔叔。

“这些炼金术士，”叔叔继续说道，“诸如阿维森纳①、弗朗西斯·培根②、雷蒙·鲁尔③、帕拉塞尔斯④，都是那个时代名噪一时、无出其右的学者。他们的发现令我们惊奇。这个萨克努塞姆为什么就不会在这封不可思议的密码信中隐藏某种重大的发现呢？应该是的！肯定是的！”

教授经这么一逻辑推理，想象力立即活跃了起来。

“毫无疑问，肯定如此，”我鼓起勇气回答他道，“可是，这位学者为什么非要把某种神奇的发现给隐藏起来呢？”

“为什么？为什么？唉！我怎么知道为什么呀！伽利略不就是把土星的发现给这么隐藏起来的吗？不过，无论怎样，反正我们会弄

---

① 980—1037，阿拉伯古代著名医生和哲学家。

② 1561—1626，英国政治家和哲学家。

③ 1235—1316，西班牙卡塔卢尼亚哲学家、神学家、诗人和炼金术士。

④ 1493—1541，瑞士医生和炼金术士。

清楚的，我一定要破译这个密码，把信的内容弄个一清二楚，否则我就不吃不睡。”

“嗯！”我暗自寻思。

“你也得这样，阿克赛尔。”叔叔接着又补充了一句。

“天哪！”我心想，“幸亏我午饭吃的是双份啊！”

“现在，”叔叔又说，“我们必须弄清这个密码出自哪一种语言。这事不难弄明白的。”

听了这话，我立即抬起头来。叔叔又继续在自言自语：

“没有比这事更容易的了。密码信中有一百三十二个字母，其中辅音字母是七十九个，元音字母是五十三个。这差不多符合南欧语言的构词比例；如果是北欧语言的话，辅音字母则多得多。由此看来，此信定是一种南欧语言了。”

这个推断言之成理。

“那它会是哪种语言呢？”

这个问题有待我的教授叔叔回答，我很敬佩他深刻的分析能力。

“这个萨克努塞姆，”叔叔接着说道，“是一位很有学问的人，所以他若不用其母语书写的话，他肯定是首先选择十六世纪文人常用的语言，也就是拉丁文。如果我猜错了的话，那我就再试试西班牙文、法文、意大利文、希腊文和希伯来文。不过，十六世纪的学者们通常都是用拉丁文来写作的。因此，我完全有理由肯定，这是拉丁文。”

我一听便从座椅上跳了起来，因为我对拉丁文颇有好感，不愿认同叔叔的这一推断，心想：“这些古怪的字怎么可能是诗人维吉尔所使用的美妙语言呢？”

“是的，是拉丁文，”叔叔又继续在自言自语，“只不过是前后次序给弄乱了。”

“那好呀，”我心中在想，“您要是能把它们给弄顺过来，那就算您有本事了。”

“让我们来研究研究看，”他边说边拿起我记录的那张纸，“这里是一百三十二个字母，它们明显的是无序排列。有些词里只有辅音字母，比如第一个词 mm. rnlls，相反，在有一些词中，元音字母又相当地多，比如第五个词 unteief，或倒数第二个词 oseibo。这种排列明显是不符合语法规则的：这些字母是以数学方式、根据我们所不知道的规律排列起来的。可以肯定，作者最初写下的是正确的句子，然后再根据我们尚未发现的规律将字母重新组合。如果掌握了密码的钥匙，这封信就能顺利地读出来。阿克赛尔，你掌握了这把钥匙了吗？”

这个问题我无法回答，原因嘛，自不必说了。我的目光正停留在墙上的一幅迷人的画像上，那是格劳班的画像。我叔叔的这个养女现在在阿尔托纳的一个亲戚家。她不在这里，我很忧伤，因为我现在可以坦白地说出来，这个美丽的维尔兰姑娘与我这个教授的侄儿正在以德国人所特有的耐心和稳重在相恋相爱。我们瞒着我叔叔已私订了终身。之所以瞒着他，是因为他一门心思全用在了地质学上，不可能了解我和她的感情。格劳班是个可爱动人的姑娘。她金发碧眼，为人严肃认真，但却对我一往情深。而我嘛，则对她简直是崇拜有加，如果日耳曼语允许我用“崇拜”二字的话。此时此刻，这位维尔兰姑娘的倩影正浮现在我的脑海之中，把我从现实世界带到了幻觉与回忆中。

我脑海中又浮现出我这位工作与玩耍中形影不离的伴侣来。她每天都帮我一起整理我叔叔的那些宝贝石块。她同我一起往石头上贴标签。格劳班小姐是一位令人刮目的矿物学家！她喜欢探究科学上的疑难繁杂的问题。我俩一起学习、研究，在一起度过了多少甜蜜美好的时光啊！我常常会对那些被她的纤纤玉手抚摩过的石块心生嫉妒，它们被她亲切抚摩，多么的幸福，可却浑然不知！

然后，该休息了。于是，我俩便走出小屋，走过阿尔斯泰林荫道，朝着古老漆黑的磨坊走去。从湖边望去，那磨坊显得尤为美丽。我们拉着手边走边聊。我给她讲故事，逗她笑。走着走着，便来到了易北河畔。河中硕大的白睡莲盛开着，天鹅在其间畅游。我们向天鹅道了晚安，便乘上汽船回到家来。

我正沉浸在这美梦中，突然听见叔叔猛击桌子的声响，我被从幻境之中震醒，回到了现实世界中。

“我们来看看，”叔叔说，“我认为，一个人要是想把字母打乱，他必然首先想到是把原来横写的词从上往下直着写。”

“真的?”我想。

“我们从上往下写写看，看会是个什么结果。阿克赛尔，你随便在这张纸上写一句话，不过，别字母连字母地写，而是依次把它们直着写下来，分五六行写。”

我明白怎么写了，于是便立刻动起笔来：

J m n e G e

e e, t r n

t' b m i a !

a i a t ü

i e p e b

“好，”叔叔看都没看一眼便说道，“现在，把这些词排成一横行。”我于是便改写成一横行，立刻得出下列的句子来：

JmneGe ee, trnt' bmia! aiatü iepeb

“很好，”教授边说边从我手中拿走了那张纸，“看上去有点像那古老的密码信了：元音字母和辅音字母排列得同样混乱不堪；大写字母和逗号竟出现在词的中间，与萨克努塞姆的羊皮纸上的一模一样！”

我不得不承认叔叔分析得非常有理有据。

“现在，”叔叔冲着我说，“我并不知道你都写了些什么，但我要将它念出来。我只要将每个词的第一个字母按顺序排列好，然后以同样的方法将其第二个、第三个字母排列起来，以此类推即可。”

于是，叔叔便大声念了起来。结果，不仅他感到惊讶，连我也大吃一惊：

我真爱你，我亲爱的格劳班。

“什么？”教授诧异地说。

是啊，我不知不觉地便随手写出了这句暴露了我心思的话语！

“啊，你爱上格劳班了？”叔叔用监护人的严厉口吻问我道。

“是……不是……”我支支吾吾地说不清楚。

“啊，你爱上了格劳班，”叔叔机械地重复道，“好了，现在，我们来把我们的研究方法运用到那封密码信上去吧！”

叔叔重新又专心于研究了，已经把我刚才下意识地写出的那句话给忘到了脑后。我的那句话说得确实欠妥，因为学者的头脑是理解不了什么爱情不爱情的。幸好，叔叔已经完全被那封密码信吸引住了。

里登布洛克在做这项重大破译工作时，眼睛在眼镜片后面闪烁着。他用他那颤抖着的手指，又拿起了那张古旧的羊皮纸。他激动不已。最后，他用力地咳嗽了一声，用严肃的语气，逐一地读出每个词的顺序字母，并让我边听边记录下来：

mmessunkaSenrA. icefdoK. segnittamurtn

ecertserrette, rotaivsadua, ednecsedsadne

lacartniiiluJsiratracSarbmutabiledmek

meretarcsilucoYsleffenSnI

说实话，记录完毕，我非常激动，可这些字母在我看来却没有任何意义，我期待着教授嘴里庄严地说出一句漂亮的拉丁文来。

但是，我未曾想到，他竟然猛地一拳击在桌子上，墨水溅了出来，我手里的笔也被震掉了。

“这不对！”他大声地说，“这毫无意义！”

他说着便冲出了书房，冲下楼梯，一直冲向科尼斯街，飞快地向前奔去。

第四章　我找到了钥匙

“他走了？”玛尔塔听见大门砰的一声，吓得连忙跑了过来，那响声真可以说是声震屋瓦。

“是呀，”我回答她道，“他确实走了。”

“可是，他还没吃午饭哪。”老女仆说。

“他不吃了！”

“那晚饭呢？”

“晚饭也免了。”

“怎么了？”玛尔塔感到莫名其妙。

“不吃了，玛尔塔，他从此不再吃饭了，这个家里的人都不再吃饭了。里登布洛克教授要大家都不吃不喝，直到他把一个根本就无法破译的密码解开为止。”

“上帝啊！这么说我们全都得饿死！”

我没敢回答，因为照我叔叔的那执拗的古怪脾气，我们大家全都避不开这一厄运。

老女仆这下子真的有点害怕了，只见她唉声叹气地走回厨房去了。

此刻，我独自一人待在书房里。我脑子里突然闪过一个念头，想去找格劳班，把这事告诉她。可我怎么能走开呢？万一叔叔找我呢？他随时都可能回来的，他是一定要解开这个连俄狄浦斯①都难解的谜语的。他若找我，我又不在，那麻烦就大了。

因此，还是老实待着吧。正好，贝藏松②的一位矿物学家曾送给我们一些他所收藏的石英晶石，需要加以分类，贴上标签，然后将这些中空的、闪耀着小块水晶的石头存放到玻璃橱里去。

说实在的，这个分类工作我并不太感兴趣。不知怎么搞的，我心里仍旧念念不忘那封古老的密码信。我脑子里乱糟糟的，有一种不祥之感。我预感到有大的灾祸将要发生。

大约一小时光景，我已把晶石全部整理完毕。于是，我便仰躺在乌德勒支绒扶手椅上，双臂垂着。我点燃我那又长又弯的烟斗。烟斗锅上雕有一位仙女，横卧在那儿，我看着她被烟熏黑，心中乐滋滋的。其间，我不时地侧耳细听，听听楼梯上有没有声音传来。但是没有。我叔叔现在会跑哪儿去了呢？我脑海里浮现出他在阿尔托纳美丽的林荫道上奔跑着，用手杖指指戳戳着墙壁，猛烈地抽打着野草，惊扰着休憩的天鹅……

他归来时是胜券在握还是沮丧绝望？他究竟能否揭开那个秘密？我心中一边这么寻思着，一边有意无意地又拿起了我在上面写下了无法理解的字母的那张纸。我重复地自问：

“这究竟是什么意思呢？”

我想把这些字母组成一些词，但却无法遂愿。我把它们两个、三个或五个、六个地拼凑在一起，但怎么也拼不出个有意义的词来。只是第十四、第十五和第十六个字母组合在一起，成了英文中的ice

① 希腊神话中的一个悲剧人物，破解了狮身人面的谜题。

② 法国的一座历史文化名城，又译为贝桑松。

（冰），而第八十四、第八十五和第八十六个字母则组成了英文中的 sir（先生）。另外，在密码信的第三行中，我还看到了拉丁文的 rota（轮子），mutabile（可变的），ira（愤怒），nec（不），atra（残忍）等。

“真是见鬼了，”我心想，“这些拉丁文词像是在证明我叔叔关于密码信所用之语言的假设是正确的。”甚至在第四行中，我还看到了 luco 一词，意思是“神圣的森林”。另外，在第三行中我还发现一个很像希伯来文的词 fabiled，而最后一行中的 mer（大海），arc（弓），mere（母亲）则完全是法文了。

我真的是头昏脑涨了！一句话里竟然出现了四种文字，真是荒唐至极！“冰”“先生”“愤怒”“残忍”“神圣的森林”“可变的”“母亲”“弓”“大海”，这些词之间有什么关联呢？把第一个词与最后一个词连在一起倒还有点意思，因为在一封用冰岛语写的密码信中，出现“冰海”一词是不足为奇的。但是，想弄明白其他内容就不容易了。

我在与一个无法解决的困难进行着斗争。我的脑袋发热发胀，眼睛里直冒火。这一百三十二个字母仿佛在我眼前飞舞着，像是一颗颗星星在跳动闪烁着，简直让我血液沸腾。

我陷入一种幻觉之中，我喘不过气来，我需要空气。我不自觉地拿起那张纸来当扇子扇着，于是乎，纸的正面和反面交替地在我眼前闪现。

在纸张快速闪动时，有那么一会儿，纸的反面突然在我眼前一闪，让我惊讶不已，我看到一些完全可以清晰辨认的词，是一些拉丁文词，比如 eraterem（火山口）和 terrestre（地球）。

我眼前突然一亮。这些词使我隐约看到了一把钥匙：我发现了密码的规律。若要读懂这封密码信，只要将那张纸翻转过来读，问题就迎刃而解了。我教授叔叔的聪明的假设被证实了。他对密码信所运用的语言的认定以及对字母的排列组合，完全是正确无误的！他只需稍加点东西就可以把这句拉丁文话语从头至尾地读出来，而所需的这点东西却被我无意之中发现了。

可以想象，我该是多么的激动！我的眼睛变得模糊，几乎看不清东西。我把那张纸摊放在桌子上。我只要看一眼，就可以把其中的秘密破解了。

我终于平息了我心中的那份激动。我强逼着自己在书房里走了两圈，稳定一下自己的情绪。然后，我便在那张宽大的扶手椅上又坐了下来。

“现在读吧。”我深吸了一口气后命令着自己。

我伏在桌子上，用手指指着每一个字母，顺顺当当地大声读出整个句子。

读完之后，我这一惊可非同小可啊！我仿佛被人猛地狠击了一下，傻呆呆地坐在那儿。什么？我耳朵里听到的是什么？一个人竟然胆大包天，敢于下到那里吗？

“啊！”我跳起来大呼道，“不！不！不能让叔叔知道这事！他要是知道了，一定会去尝试这种探险的，那可就糟了！他是个固执的地质学家，无论如何也会去铤而走险的，而且还会把我也带上！那我们就别想回到世上来了！永远也回不来了！”

我心情惶恐、激动，难以描述。

“不！不！绝不能让他知道！”我横下心来说，“我现在还是可以阻止这个暴躁乖戾①的人得知此事的，那我就一定要瞒着他。如果他把这张纸反复地、颠来倒去地审视研究的话，他迟早都会发现这个秘密的。我干脆把它销毁掉算了！”

壁炉里尚有点余烬。我不但拿起了那张纸，而且还拿起了萨克

---

①（性情、言语、行为）别扭，不合情理。戾，lì。

努塞姆的羊皮纸；我正焦急不安地把颤抖的手伸出去，准备将它们付之一炬时，书房的门突然开了。

叔叔回来了。

第五章　叔叔念那张羊皮纸

我赶忙将那封该死的密码信放回桌上。

里登布洛克教授走进书房，似乎仍在全神贯注地想着自己的心事。他时刻都在想着那封密码信；他在外面散步时肯定在脑子里进行了仔细的思考与分析，他现在回来是要着手试验某种新的破译方案。

他坐到了扶手椅上，拿起了笔，开始写出一些类似代数的算式。

我留神地看着他那颤抖的手，注视他的每一个动作。他是否会突然发现点什么？我不知何故，也在颤抖。这好没来由呀，我已经找到了真正的且是唯一的答案了，其他的任何破解方法都是徒劳无益的。

叔叔在长长的三个小时里，一直在专心研究，头都不抬，只是一个劲儿地在纸上写呀写的，没完没了。

我很清楚，假如他能把这些字母按所有可能的顺序加以排列组合的话，他肯定能读出这句话来的。可是，我同样十分清楚，单单二十个字母就可以有 2 432 928 008 176 640 000 种排列组合，而这句话中共有一百三十二个字母，那它的排列组合变化该有多少种啊！

简直是无法计算，难以想象！

要解决这一问题，可是费时费力的，我心里不免有了一丝慰藉。

时间在一分一秒地逝去。夜幕已经降临。街道的喧嚣已经止息。但我叔叔仍在伏案工作，对其他事情一概充耳不闻，连玛尔塔推门进来都没有发觉，也没听见这位老女仆说：

“先生用晚餐吗？”

玛尔塔未见主人应答，便怏怏地出去了。而我，困意已袭了上来，挺了一会儿，坚持不住，倒在沙发上睡着了，而叔叔则仍然在写了画，画了写。

第二天早晨，当我醒来时，我发现不知疲倦、废寝忘食的叔叔仍在工作。他双眼通红，面色苍白，因焦躁头发被手抓挠得乱蓬蓬的，而且面颊发紫，这说明他与那难以破解之谜进行了多么顽强的斗争。这一夜，他费尽了多少心血！损伤了多少脑细胞！

说实在的，我都有点开始可怜他了。无论我心里对他有多大的意见，但我渐渐地在怜悯他了，难免有所动容。这个可怜的地质学家，一门心思全都用在了这封密码信上，我真怕他心中的那股火找不到正当的发泄途径，会突然像火山似的爆发出来。

我只需说一句话，就足以让他那紧绷着的神经松懈下来。可是，我并没这么去做。

我这也是出于好心。我之所以此时此刻闷声不响，完全是为我叔叔的利益考虑的。

“不，不，”我心中反复地这么念叨着，“绝不能告诉他！他的脾气我还能不知道？让他知道了，他是非去不可的。没有什么可以阻止他的。他的想象力十分丰富，为了做其他地质学家未曾做过的事，他是会铤而走险的。我必须守口如瓶，必须把我的发现深埋在心中。告诉他的话，无异于害死他。如果他自己能猜得出来，那就让他去猜好了，我可不愿日后因为将他引上死亡之路而后悔莫及。”

我心里这么盘算好了之后，便在一旁袖手旁观。可是，我始料不及的是，几小时后却出现了一个意外。

玛尔塔正准备出外买菜，却发现大门落了锁，而且钥匙也不在锁上。是谁将钥匙拿走了？毫无疑问，叔叔昨晚散步回来，随手将钥匙拿走了。

他这是有意为之还是纯属偶然？他是不是想让我们大家挨饿呀？如果真的如此，那也太不像话了。密码的事与玛尔塔和我毫不相干，难道也让我们跟着受罪？我因此而回忆起几年前的一件事来。当时，叔叔正在专心于那伟大的矿物分类工作，已经四十八小时没有吃饭了，全家人都得陪着他一块儿为了科学事业而忍饥挨饿，以致我这个食欲旺盛的孩子竟然被折磨得都胃痉挛了。

看来，这天的这顿午饭一定又像昨晚的晚饭一样被免了。我豁出去了，饿了也得扛住。玛尔塔却觉得问题相当严重，不免伤心不已。而我，觉得出不了门倒比忍饥挨饿更加严重，原因是不言而喻的。

叔叔仍旧没有停下手中的工作。他一心要搞个水落石出。他身在人世间，可却能不食人间烟火。

将近晌午时，我的肚子咕咕地叫得厉害，难受极了。昨天晚上，玛尔塔竟然未多留个心眼，把剩菜剩饭全都打扫光了。家里什么吃的都没有了。不过，我仍旧硬挺着，不能丢掉面子。

下午两点，情况越来越严重了，我真的有点受不了了。我的眼睛睁得老大，开始在心中嘀咕，自己对这封密码信的重要性未免过于夸大了。叔叔也未必相信它。他也许会认为这纯属荒诞之事。即使他真的想去冒险，我也能想办法阻止他。何况，如果他自己最终破解了这个谜语的话，我岂不是白挨饿了。

昨晚，我对自己的这些想法还嗤之以鼻①，可现在看起来，却是非常有道理的。我甚至都觉得等这么长时间简直是太没道理了，所以我决定把秘密告诉叔叔。

我正准备找个什么理由向他说明情况而又不显得很突然，这时，教授叔叔却站起身来，戴上帽子，准备出门。

怎么！他又要出去！把我们关在家里！那可不行！

“叔叔。”我喊了他一声。

他像是并未听见。

“里登布洛克叔叔！”我又大声地叫了一遍。

“嗯？”他好像突然醒过来似的。

“那钥匙怎么样了？”我问道。

“钥匙？什么钥匙？大门上的钥匙？”

“不是，”我大声说道，“密码信的钥匙！”

教授透过眼镜上方看着我。他显然看出我的神情有点异样，因为他在用力地抓住我的胳膊，说不出话来，光用目光在询问我。很明显，他已猜到我已有所发现了。

我点了点头。

可他又怜悯地摇了摇头，仿佛觉得我是个疯子似的。

我却肯定地点了点头。

他的眼睛立刻闪出强烈的光芒，他更加用力地抓住我的胳膊。

面对这种场面，连最漠然的旁观者也会对我们的这种无声的交流感兴趣的。我一句话也不敢说，生怕他会兴奋得搂紧我，使我窒息。看得出来，叔叔心里十分着急，我不得不说话了：

“是的，那钥匙，那谜底，我偶然……”

“你说什么？”他激动无比地嚷叫道。

① 用鼻子轻蔑地吭气，表示看不起。嗤，chī。

“您瞧，”我边说边把我写过字的纸递给他，“您自己念吧。”

“这有什么可念的呀！”他说着便把纸揉成了一团。

“如果您从头念的话，那确实是没什么意思，但是，要是从后面念起……”

还没等我说完，叔叔便惊呼起来，甚至可以说是吼了起来。他压根儿也没想到，所以脸都扭曲了。

“啊！我聪明的萨克努塞姆！”他叫嚷道，“原来你是把你的话反过来写的呀！”

他抓过那张纸，两眼模糊，激动不已地从下往上地念出这封密码信。

密码信是这么写的：

In Sneffels Yoculis craterem kemdilibat umbra Scartaris Juliiintra calendasdescende, audas viator, ctterrestre centrum attinges.

Kodfeci. Arne Saknussemm.

这段古老怪诞的拉丁文可译为：

7月之前，斯卡尔塔里斯的影子会落在斯奈菲尔的约库尔火山口，从该火山口下去，勇敢的旅行者，可以下到地心深处。我已经到过那里。

阿尔纳·萨克努塞姆

读完之后，叔叔好似触电一般，突然跳了起来。他勇气倍增，信心十足，快乐至极。他踱来踱去，双手抱住脑袋，搬动椅子，把书堆积起来，随手抛着那些珍贵的水晶石。他这儿捶一下，那儿拍一下。最后，他终于安定下来，好像筋疲力尽了似的瘫坐在扶手椅里。

“几点了?”沉默片刻之后，他问道。

“三点了。”我回答说。

“噢，都三点了！我好饿啊！先吃饭，然后再……”

“再怎么?”

“再替我准备行囊。”

“什么?”我大声吼道。

“你也得准备行囊。”教授边往餐厅走去边冷酷无情地说。

第六章　叔侄辩论

听叔叔这么一说，我不禁猛地一颤，但我立即克制住了自己。还装出无所谓的神情来。我知道，只有用科学论据才能阻止教授叔叔的疯狂举动，而这样的论据多的是，而且能非常有力地证明这种探险之旅是不可能的。到地球中心去！疯狂至极的想法！不过，我得先去吃饭，然后找机会与他辩论。

叔叔见餐桌上什么也没有，不禁诅咒连天，但问题很快便得以解决：玛尔塔获得了自由，赶紧跑向菜市场，动作麻利地在一小时之内解决了我们的吃饭问题。

用餐时，叔叔心情愉悦，还开了一些不失学者身份的无伤大雅的玩笑。吃完饭后甜食，他示意我跟他去书房。

我跟随他进了书房。他在写字台的一边坐下，我便坐在了另一边。

“阿克赛尔，”他语气温和地说，“你是个聪明的孩子。在我绞尽脑汁，一筹莫展时，你帮了我一个大忙。不然的话，我还不知要耗费多少精力呢！这一点是我永远不会忘记的，孩子，你将和我一起分享我们得到的荣光。”

“行，”我心中暗想，“他现在心情不错，该与他讨论一下所谓荣光的问题了。”

“最重要的，”叔叔继续说道，“我得提醒你一句，这事必须严格保密，知道不？学术界嫉妒我者不乏其人，他们中有不少人也想做一次这种地心探险，但必须让他们在我们之后，步我们的后尘。”

“您认为真的有那么多人想冒此危险吗？”我说道。

“当然有！这么大的荣誉，谁不趋之若鹜①？假若这封密码信公开了，绝对会有大批大批的地质学家去追寻阿尔纳·萨克努塞姆的足迹的！”

“这我可不信，叔叔，因为无法证实这封密码信的真实性。”

“怎么？我们可是在那本书里发现它的呀！那本书难道还不可信？”

“我相信那些话是萨克努塞姆写的，但这并不说明他真的进行过这次旅行。这张羊皮纸会不会是故弄玄虚啊？”

这最后一句话有点冒失，我刚一说出口就有点后悔了。教授一听便眉头蹙紧，我担心这场交谈会不欢而散。幸好，并没那么严重。严厉的教授嘴角浮出一丝笑容，回答道：

“这一点我们以后会知晓的。”

“啊！”我有点沉不住气了，“请您允许我把我对这封密码信的所有不同意见说出来。”

“你说吧，孩子，没关系的，你完全有发表意见的自由。从今往后，你不再被看作是我的侄儿，而是我的同事了，你就说吧。”

“那好。我首先要知道约库尔、斯奈菲尔和斯卡尔塔里斯到底是什么意思，这些词我还从未听到过。”

① 像鸭子一样，成群地跑过去，形容许多人争着去追逐某种事物（含贬义）。鹜，wù，鸭子。

“是这样。最近嘛，我在莱比锡的一位朋友奥古斯特·彼德曼送了我一张地图，真的是太有用了。你去把书橱第二栏第四格Z字头的第三本地图册拿来给我。”

我站起身来，准确地找到了叔叔所说的那张地图。他打开地图说：“这是安德森绘制的，是冰岛最好的地图之一，我想它可以解答你的疑难问题。”

我俯下身子来看地图。

“你瞧这座由火山构成的岛屿，”教授解释道，“要注意，这些火山都称之为约库尔。在冰岛语中，约库尔意为‘冰川’。由于冰岛系高纬度，那儿的火山爆发时都必须穿过冰层，因此岛上的火山全都被称作‘约库尔’了。”

“那斯奈菲尔又是什么呢？”我又问道。

我还以为这个问题叔叔回答不出，可是我猜错了，他继续说道：

“你看冰岛西海岸这一带。你找到冰岛首都雷克雅未克了吗？找到了？很好。在受到海水侵蚀的海岸线上，有着无数的峡湾，你顺着它们往上看去，注意北纬六十五度下面一点点的地方。你看到了什么？”

“一座半岛，宛如一根没有肉的骨头，顶端好似一块巨大的膝盖骨。”

“比喻得非常恰当，孩子。那你在这块膝盖骨上又看到了什么呀？”

“看到一座好像是伸入大海的山。”

“对！那就是斯奈菲尔。”

“斯奈菲尔？”

“对，就是它。此山高约五千英尺，是冰岛最著名的山峰之一。如果通过它的火山口走进地心的话，那它就会成为世界上最著名的山了。”

"这是不可能的!"我耸了耸肩，大声反驳道。

"不可能?"里登布洛克教授厉声问道，"怎么不可能?"

"因为火山口肯定堵满着熔岩，所以嘛……"

"它要是一座死火山呢?"

"死火山?"

"是呀。目前地球表面处于活动状态的火山一共只有三百来座。而大量的火山都是死火山。斯奈菲尔就是死火山。自有历史记载以来，它就只喷发过一次，是在1219年，此后，它就没再喷发过。"

叔叔言之凿凿，我无言以对。于是，我不得不转换话题，提及密码信的其他疑点。

"斯卡尔塔里斯又是什么意思?"我又问道，"它同7月又有什么关系?"

叔叔思考片刻。我刚觉得又有点希望，只听他又立即回答我道：

"你所提的疑点，对我来说却是一种启发。这说明萨克努塞姆希望以一种巧妙的方式把他的发现告诉我们。斯奈菲尔是由好几个火山口组成，因此就必须指明其中的哪一个火山口是可以通往地心的。那位聪明的冰岛人通过观察发现，6月底，快到7月时，这座山的一座山峰斯卡尔塔里斯的阴影会落在那个火山口上，于是他便把这一点写进了密码信里。他的这一提示难道不是最巧妙又最准确无误的吗？这么一来，当我们到达斯奈菲尔山顶的时候，就无须在选择走哪一条路颇费踌躇①了。"

总而言之，我的所有疑点都被叔叔一一解答清楚了。我知道，再想以这张古旧的羊皮纸上的内容去难倒他，已是不可能的了。因此，我就不再从这个方面去说服他了，而是提出了一些学术方面的不同意见，我觉得这些意见还是颇具说服力的。

---

① chóu chú，犹豫。

“嗯，我不得不同意您所说的，”我说道，“萨克努塞姆所说的话明白无误。而且，我也承认密码信之真实可靠。这位学者确实到过斯奈菲尔火山的底部；他也真的是看到过斯卡尔塔里斯的阴影在快到7月时落在火山口的边缘；他的确是从当时的传说中听到过该火山口可以通往地心。不过，他本人是否真的到过地心？到了地心之后是否真的能够活着上来？这我就觉得不可能了，而且绝对不可能！”

“为什么绝对不可能？”叔叔语带嘲讽地反问道。

“因为按照所有的科学理论，这种事情都是绝无可能的。”

“是吗？所有的科学理论都证明了这一点？啊！可恶的理论！真够捣乱的！”

我知道他是在揶揄①我，但我仍旧继续说道：

“是的。众所周知，从地球表面往下，每下去七十英尺②，温度就上升一摄氏度，如果温度与深度的这种比例恒定不变的话，那么，地球半径为三千七百五十英里③，地心温度则高达二十多万摄氏度。因此，地球内部的一切物质都是以炽热的气体形式存在着，哪怕是金属、黄金、白银以及各种坚硬的岩石，都抗拒不了这么高的温度。所以我倒是想问一问，跑到这种地方去，可能吗？”

“你是害怕自己被烧化掉？”

“您自己回答好了。”我没好气地顶了叔叔一句。

“好，我就来回答你好了，”里登布洛克教授神情傲岸地回答道，“你同所有的人一样，都不清楚地球内部的情况，因为我们只不过了

---

① yé yú，嘲笑，讥讽。

② 1英尺=0.3048米。70英尺约为21米。

③ 本书的法文版著作中所用的单位为“lieue”，即为法国古里，1古里约为2.5英里（1英里≈1.6093千米）。此处和后文中出现的“二十五英里”，都是译者将单位转换为英制单位。

解了地球半径千分之十二的情况，以下的地方就不甚了解了。可是，我们知道，科学理论是在不断地被完善的，同时又不断地被打破的。在傅立叶①之前，人们不是一直深信星际空间的温度是在不断地递减吗？可我们今天却知道，宇宙间最低的温度不会低于零下四十摄氏度到零下五十摄氏度。因此，地球内部的温度难道不也会如此吗？到达一定的深度之后，温度也会达到一个极限的，不会继续攀升，致使最耐热的金属都会被熔化掉。”

叔叔已经使问题进入假设的领域了，那我还怎么说呢？

“我告诉你，有一些名副其实的学者，包括布瓦松②，都已经证明，如果地球内部真的存在二十万摄氏度的高温的话，被熔化的物质所产生的炽热气体就会具有一股地壳无法抵御的弹力，那么地壳就必然会像锅炉的外壳那样，因蒸气的作用而爆炸。”

“这只不过是布瓦松的看法而已，叔叔。”

“是呀，但是其他著名的地质学家也持有同样看法，认为地球内部并不是由气体或水构成的，更不是由我们所知道的沉重的大石块组成的，否则地球的重量就要比现在轻两倍了。”

“哼！数字是可以让人随心所欲地去想证明什么就证明什么的。”

“这难道不是事实吗，孩子？自地球诞生之日起，火山的数量至今不是一直在减少吗？由此，不是足可以证明，如果地球内部真的存在热量，那它也是在逐渐减弱的吗？”

“如果您老这么假设来假设去的，那我就无法与您讨论下去了，叔叔。”

“可我却必须告诉你，孩子，一些博学的学者的看法是与我一致的。你还记得1825年著名的英国化学家亨夫里·戴维对我的登门造

---

① 1768—1830，法国数学家。

② 1781—1840，法国数学家。

访吗?”

“那我当然记不得了，我是在他拜访之后十九年才出生的。”

“亨夫里·戴维是路过汉堡时前来拜访我的。我们交谈了很长时间，也曾谈到地球内部是否是液体组成的问题。可我们两人都认为这种假设是不可能成立的。我们所根据的理由是很有说服力的，至今为止，没有一种科学理论能驳倒它。”

“什么理由?”我颇为惊讶地问道。

“如果地球内部是液体的话，那这种液体就会像海洋一样受到月球引力的影响，那么，地球内部每天都得有两次潮汐。而地球在潮汐的掀动之下，会引发周期性的地震。”

“可是，地球表面明显地显示它曾经燃烧过，所以可以假设地球的外壳最先得以冷却，而内部则仍蕴藏着热量。”

“这么说是不对的，”叔叔回答道，“地球变热是由于表面的燃烧，而非其他原因所致。这表层地壳是由大量的金属物质如钠和钾所组成，而它们只要一遇到空气和水，就会燃烧起火；而雨水在逐渐深入地壳缝隙时，便会引起新的燃烧，造成爆炸和火山爆发。这就是为什么地球形成初期会有这么多的火山的缘故。”

“真聪明，这种假设!”我情不自禁地叫嚷道。

“这是亨夫里·戴维提出的假设，而且他用一个非常简单的实验证明了它。他用钠和钾做了一个圆球，代表地球。当他把一滴水滴在球体表面时，圆球立即膨胀、氧化，形成一个小山包。山包顶端裂开一个口，火山爆发随即发生，整个球体变热，很烫，手不能触摸。”

说心里话，我已开始被教授的论据给说动了，而且，他通过自己的激情和活力使得自己的论据被描述得生动感人。

“你看，阿克赛尔，”叔叔接着说道，“地质学家们对地核状态的假设是各不相同的。关于地心存在热量的假设也没有任何证明。就我看，地心并不存在这种所谓的热量，根本就不可能存在，这一点我们以后会知道的，我们会像阿尔纳·萨克努塞姆一样去搞清楚这个问题的。”

“对，我们会搞清楚的！我们会亲眼看到的，如果到了那里我们的眼睛还能看得见东西的话。”我也跟着有点兴奋地回答道。

“为什么看不见东西呀？我们可以借助电现象照明，在接近地心时，甚至还可以借助大气压力所产生的光亮。”

“没错，没错！”我说道，“这是很有可能的。”

“当然有可能，”叔叔胜券在握地说道，“不过，此事切莫声张，必须守口如瓶，别让任何其他人也动此念头，捷足先登！”

第七章　准备出发

这次难忘的辩论就这样结束了。我心里一直激动不已。我有点头晕目眩地走出我叔叔的书房。汉堡的马路上空气不够新鲜，因此我便转向易北河畔的蒸汽渡轮码头走去。该渡轮是连接汉堡市和哈尔堡的铁路的。

我真的相信了刚才所听到的一切了？我是不是被里登布洛克教授的精神所感染了？他去地心探险的决心是真切的吗？我刚才听到的那些话是出自一个疯人的胡言乱语呢，还是一个伟大天才的科学论断？凡此种种，哪些是真实可靠的？哪些是虚假错误的？

我在成百上千种彼此矛盾的假设中游移着，始终得不出一个结论。我记得自己已经被说服了呀，怎么现在却有点动摇了呢？我真希望现在立即出发去探险，免得夜长梦多、思前想后的。是呀，我当时就准备好行囊的话，也就不会这么游移不定了。

但是，一小时之后，说实在的，我已经不再有丝毫的激动了，我已经完全摆脱了刚才的情绪，仿佛从地心深处回到了地球表面上来。

“荒谬至极！”我叫嚷道，“莫名其妙！毫无意义！他不应该对一个颇有理智的男孩提出这么一个不严肃的建议。这一切都不是真的。是我做了个噩梦。”

我正沿着易北河畔走着，绕到了城市的另一边。顺着码头走了一段之后，我走到了通往阿尔托纳的公路上。有一种预感一直在支配着我，它很快便得到了证实：我看到我亲爱的格劳班正迈着轻盈的步子，神情专注地向着汉堡走来。

“格劳班！”我老远瞧见她便大声喊道。

格劳班听见有人在马路上这么老远地在喊她，颇为吃惊，停下了脚步。我三步两跨地奔到了她的身边。

“阿克赛尔！”她惊讶地叫道，“啊，你是来接我的！一定是的，对吧？”

她看了我片刻，发觉我表情显得有些焦虑不安。

“你怎么了？”她抓住我的手问道。

“是这么回事，格劳班！”我大声说道。

我只说了几句，美丽的维尔兰少女便知道是怎么回事了。她沉默了一会儿。我并不知道她的心是否像我的心一样在剧烈地跳着，她那被我紧握着的纤纤玉手没有颤抖。我们默然无语地一起走了百十来步。

“阿克赛尔！”她终于开口了。

“我的格劳班！”

“这将是一次奇妙的旅程。”

听她这么一说，我惊异万分。

“是的，阿克赛尔，你可别辜负你这个科学家的侄儿的称谓。一个人能做出一件别人做不出的大事来，那是很了不起的。”

“什么？格劳班，你不反对我去做这样一次探险？”

“不反对，亲爱的阿克赛尔。如果你和你叔叔不嫌我这个女孩子是个累赘①的话，我非常乐意与你们一同前往。”

“此话当真?”

“说话算话!”

啊！女人的心好难揣摩啊！你们或者是最胆怯的人，或者是最勇敢的人！你们考虑问题从不从理智出发。格劳班是在鼓励我参加这次疯狂之旅！她自己也毫不畏惧地要去冒险！她在鼓励我，我知道她是爱我的！

我有些惶恐，且颇惭愧。

“那好，格劳班，我看看你明天是不是还会这么说。”我说。

“亲爱的阿克赛尔，明天我将仍会同今天一样说。”

我俩手拉着手默默地继续往前走着。白天的激动已使我感到十分的疲惫。

“反正，”我在寻思，“离7月份还早呢，其间，会出现许多的意外情况，叔叔说不定就会打消他去地心探险的疯狂念头。”

我们来到科尼斯街时，天已经黑了。我以为屋里会寂静一片，叔叔会像平时那样早早地就上床就寝了，只有玛尔塔在餐厅里收拾。她收拾一番后也要去休息了。

可是，我低估了叔叔的急脾气。我看见他在大声嚷嚷，挥舞着手臂向在石子路上卸货的工人发号施令。而老女仆则跟在后面忙得团团转。

“快来，阿克赛尔，”叔叔一见我回来，立即冲我喊道，“你快点，你的行李还没整理呢；我的证件也没办齐；旅行袋的钥匙也不知跑哪儿去了；我的护腿到现在还没有送来。”

我惊呆了，话都说不利索了：“怎么！我们现在就出发?”

“是呀！傻小子！你现在先去溜达一会儿，别待在我这儿碍事。”

---

① 使人感到多余、麻烦的事物。赘，zhuì。

“我们这就走呀？”我有气无力地又重复了一句。

“是的，后天早晨就出发。”

我听不下去了，赶忙逃到我的小屋里去。

毋庸置疑①，叔叔肯定是利用下午的时间购置了这次地心探险的一应物品。石子路上堆满了绳梯、结绳、火把、水壶、铁钩、铁棒、十字镐，够十个人搬运的！

我艰难地熬过了一个可怕的夜晚。第二天，我早早地就被叫醒了。我本打算不理会，不去开房门，可是，那声“亲爱的阿克赛尔”让我丧失了抵御的能力。

我开开房门，走了出来。我怀着一线希望，盼着格劳班见我一脸憔悴、苍白以及因失眠而双眼发红会心有不忍，改变初衷。

“啊，我亲爱的阿克赛尔，”她见到我时说道，“我看你现在好多了，经过这一夜，你已平静下来。”

“平静！”我惊讶道。

我立即冲到镜子前，一看，我脸色还真的没有自己想象的那么凄惨。我简直无法相信！

“阿克赛尔，”格劳班说，“我已经同我的监护人详谈了一番。他是个了不起的人，一个勇敢的学者。你可别忘了，你的血管里也流有他的血。他已经把他的计划、打算以及为何与如何达到目的，统统地告诉了我。我敢肯定他一定会获得成功的。啊，亲爱的阿克赛尔，一个人能全身心地致力于科学多美啊！等待着里登布洛克教授及其同伴的将是多么崇高的荣誉啊！等你归来时，阿克赛尔，你将与他并驾齐驱了，你可以想说什么说什么，想做什么做什么，想……”

格劳班的粉脸突然唰地一下红了，没能继续说下去。听她这么

---

① 不用怀疑。毋，wú。

一说，我立刻劲头十足，信心倍增。可是，我仍旧有些踌躇。我一把将格劳班拉进叔叔的书房里。

“叔叔，”我说道，“我们真的就要走了？”

“是啊！怎么了？”

“噢，”我怕惹叔叔生气，连忙改口道，“我只是想问一问，干吗这么着急呀？”

“时间不等人啊！时间一刻不停地在飞逝！”

“可今天才5月26日，我们得等到6月底……”

“你怎么这么傻呀！去冰岛说去就去呀？如果你昨天不是像疯了似的跑出去，我本想带你去哥本哈根旅游局驻利芬德公司办事处的。在那儿，你就会看到，从哥本哈根到雷克雅未克每月只有一班船，是每月的22日。”

“那怎么啦？”

“怎么啦？如果等到6月22日的话，那就太晚了，就看不到斯卡尔塔里斯的影子投射在斯奈菲尔的火山口上了！所以我们必须尽快地赶到哥本哈根，想法找到一条船。你就快去准备你的行装吧！”

情况既是这样，我还能说什么呢？只有回自己的房间去准备了。格劳班跟着我去了。她替我把出门所必需的东西井井有条地放进一只小箱子里。她倒是一点也不显得激动，仿佛我此次只是去吕贝克①或赫尔戈冬②似的。她的两只小手不紧不慢地在整理着。她边整理边平静地跟我说着话，鼓励我、开导我。她使我折服、着迷，但也让我恼火。我有好几次都想发脾气，但她却并未察觉，仍旧继续不停地干着活儿。

最后，一切整理完毕，小箱子的皮带扣好了。我走下楼去。

---

① 德国东北部的重要港口城市。

② 北海中的一小岛名。

整整一天之中，前来送器械、武器、电器具的人接踵而至，忙得玛尔塔晕头转向。

“先生是不是脑子有毛病了？”玛尔塔问我道。

我点了点头。

“他是不是要带你一起去？”

我又点了点头。

“你们这是要上哪儿呀？”

我用手指了指地心。

“下地窖？”玛尔塔疑惑地问。

“不是，”我终于开口说道，“还得往下去。”

天早早地黑了。我似乎已经忘了时间的流逝。

“明天早晨，”叔叔说道，“我们六点整出发。”

十点钟时，我像根木头似的直挺挺地躺在床上。

到了半夜，我又害怕起来。整个晚上，我噩梦不断，老梦见深渊。我神志不清，只觉得叔叔的两只大手在拖着我，拽着我，把我拖进地下，陷入困境。我宛如被抛进宇宙的一个物体，飞快地坠入深不见底的深渊，不停地永不止息地往下坠落。

早晨五点，我醒了，既疲乏又恐惧。我下楼进了餐厅。叔叔已经在那儿大口大口地吃了起来。我感觉他那吃相十分的讨厌。可是，格劳班也在餐厅。我只好一声不吭地坐下来，可又吃不下去。

五点三十分时，外面路上已有车轮声传来。一辆马车来接我们去阿尔托纳火车站。不一会儿，马车上便堆满了叔叔的行李物品。

“你的行李呢？”叔叔问我道。

“准备好了。”我无精打采地回答。

“还不快点拿下来，不然就误了火车了！”

看来是没法再赖着不走了。我上楼来到自己的小房间，把小箱子从楼梯上出溜下来，自己则在后面跟着。

叔叔郑重其事地把房子的管理大权交给格劳班。美丽的维尔兰少女仍旧与平时一样的平静。她吻了一下自己的监护人。可当她转而将她那甜蜜的嘴唇轻轻地擦了一下我的面颊时，她忍不住掉下了眼泪。

“格劳班!”我呼唤了一声。

“去吧，亲爱的阿克赛尔，”她温情地说道，“你现在离别的是你的未婚妻，等你归来时，见到的将是你亲爱的妻子。”

我俩紧紧地拥抱在一起。不一会儿，我就上了马车。

玛尔塔和格劳班站在大门口，挥手向我们告别。随即，车夫一声口哨，两匹马飞奔起来，直奔阿尔托纳火车站。

第八章　出发

阿尔托纳其实只是汉堡的一个郊区，是通往基尔①的铁路线的起点。沿这条铁路线，可以抵达贝尔特海峡②。不到二十分钟，马车已将我们拉到荷尔斯泰因③地界。

六点三十分，我们抵达火车站。叔叔那些既多又沉的行李物品被卸了下来，运去过磅，贴标签，送到行李车厢。七点时，我和叔叔已经面对面地坐在同一个车座间里。汽笛鸣响，车轮滚动，真的是走了。

我是否真的服服帖帖、顺从了呢？还没有。不过，早晨那清新的空气和窗外那因火车飞快地奔驰而快速变化着的景色分散了我的注意力。

叔叔的思想很明显已经跑到了火车的前面。与他的急脾气比较

---

① 德国北部波罗的海的重要港口城市，也是基尔运河的东段终点。

② 位于丹麦境内，是连接北海和波罗的海的重要通道，东宽西窄，分别称之为大、小贝尔特海峡。

③ 位于德国北部，北邻丹麦，南接汉堡。

起来，火车的速度可真是慢得多了。车厢里只有我们叔侄二人，可我们谁都不说话。叔叔在仔仔细细地检查着他的口袋和旅行包。我看得出，他没有遗忘任何此行所必备的东西。

他的物品中，有一张仔细折叠好的纸，抬头写着丹麦领事馆办公室，落款处写的是丹麦驻汉堡领事、叔叔的一位朋友克里斯蒂安森先生。这张纸很重要，可以使我们在哥本哈根得到许多便利，可以让我们拜会冰岛总督。

我还发现了那封著名的密码信，小心谨慎地藏在叔叔钱包最里层。我打心底里诅咒这封密码信。然后，我又把目光移向窗外。只见窗外一大片单调乏味的平原，但看上去却十分肥沃。这一大片平原对于铺设铁轨倒是非常方便，令铁路公司十分高兴，铁路可以修得笔直。

这单调的景色并未让我的眼睛久久地疲劳，因为出发后三小时，火车便在离大海不远处的基尔停了下来。

我们的行李是一直托运至哥本哈根的，省了我们不少的心。可是，叔叔却仍旧心里焦急地看着它们装上汽船，装到舱底，生怕有什么闪失。

叔叔由于忙中出错，把火车换乘汽船的时间弄错了，害得我们白白地浪费了一天时间。爱尔诺拉号汽船要到晚上才开。我们被迫要等候九个小时。在这漫长的等待中，脾气急躁的教授把轮船和铁路公司以及放任不管的政府骂了个够。他在同爱尔诺拉号船长说起这事时，我也跟着帮腔。他催逼船长马上起航，可船长不予理睬。

我们只好在基尔或其他什么地方把这么长的等待时间打发掉。于是，我们便在小城近旁那森林茂密的海湾边散步，并走进那宛如枝杈丛中的鸟巢状的森林中去，参观了一些带有桑拿浴室的别墅，边逛边抱怨，一直耗到晚上十点钟。

爱尔诺拉号的烟囱冒出了滚滚的浓烟；锅炉在隆隆作响，甲板都跟着在抖动；我们上了船，并在唯一的客舱里占据了两张上下铺位。

十点一刻，船的绳缆被解去，汽船快速地航行在大贝尔特海峡的黑色水面上。

夜黑沉沉的；微风轻吹，海浪很高；岸上可见几处灯火在黑暗中闪烁；不一会儿，出现一座塔灯，把浪涛照得光彩夺目。这是我所能回忆起的第一次渡海的情景。

早晨七点，我们在考色尔上了岸。该小城位于西兰岛①的西海岸。我们在考色尔上了另外一列火车，穿越了一个与荷尔斯泰因乡村同样平坦的地区。

乘火车去丹麦首都哥本哈根需要三个小时。叔叔彻夜未眠。我在想，他肯定是急不可耐，恨不得下车去推着火车快跑。

最后，叔叔终于看见了一片大海。

“森德海峡②！”他大声喊道。

在我们左手，有一座高大建筑，看着像是一家医院。

“是个疯人院。”一位旅伴对我们说。

“哼，”我暗自在想，“没准我们就会在这座建筑物中度过余生！尽管这个医院很大，但恐怕也无法装下里登布洛克教授的疯狂念头的！”

上午十点，我们终于抵达了哥本哈根。我们连同行李坐上马车，来到布莱德加尔的凤凰旅社。路上走了有半个钟头，因为火车站位于郊区。叔叔匆匆地去了一趟卫生间，然后领我出了旅社。旅社的侍应会讲德语和英语，但叔叔精通多国语言，竟用丹麦语向他问询，

---

① 丹麦本土第一大岛，哥本哈根就位于此岛东岸。

② 位于丹麦西兰岛与瑞典之间，连接波罗的海和卡特加特海峡。

侍应也就用其流利的丹麦语回答了他，告诉他北欧文物博物馆的方位。

这座奇妙的博物馆馆藏丰富，从其石制武器、酒杯、首饰等，可以清楚地看到该国的历史面貌。博物馆馆长汤姆逊先生学识渊博，也是丹麦驻汉堡领事的好友。

叔叔将随身携带的那封热情洋溢的介绍信给了他。一般来说，学者之间的交往总是淡淡的。可汤姆逊先生则不然。他是一位非常热情的人，他对里登布洛克教授表示了热烈的欢迎，连我这个侄子也受到了惠顾。我们立即无话不谈，几乎用不着保守秘密，无须假称我们只是两个游客，去冰岛观光游览一番。

汤姆逊先生热诚至极，亲自带我们前往码头，寻找开往冰岛的船只。

我还心存侥幸，希望找不到任何前往冰岛的船，但未曾想，竟有一条双桅小帆船，名为“瓦尔基里”号，将于6月2日前往雷克雅未克。船长布加恩此时正在他的船上，他未来的乘客见到他兴奋不已，紧紧地握住他的手，几乎把他的手握扁。他实在莫名其妙，缘何这位乘客竟然这么用力地握紧他的手？他觉得去冰岛是很正常的事，他就是跑冰岛的呀！可叔叔却认为这趟旅行非同小可，是次伟大的壮举。船长见我叔叔如此急切，趁火打劫，表情严肃地让我们付双倍的费用。钱对叔叔来说已是小事一桩了。

“星期二早上七点开船。”布加恩边将不菲的游船钱装进口袋边说。

谢过汤姆逊先生的热情照顾之后，我们回到了凤凰旅社。

“真顺利！真顺利！”叔叔高兴地叨叨着，“能找到一条说话就开的船真的是太走运了！我们现在先去吃午饭，然后去城里转转。”

我们走到孔根斯尼托夫广场。这是一块空旷地，没有形状。广场上站着一名岗哨，还架设着两门没有实际意义的大炮，炮口冲着游人，但却无须害怕。附近有一家法国餐馆，厨师名为樊尚。我们两人各花了两个马克①，就美美地吃了一顿法国餐。

吃完饭后，我像个孩子似的高高兴兴地在城里逛了一圈。叔叔跟着我，但他却无心观赏，对什么都不感兴趣，既不欣赏普普通通的王宫和博物馆对面横跨运河的美丽的十七世纪大桥，也不浏览托尔瓦森②的巨大墓冢（他的墓上可是装饰着一些可怕的壁画，里面还陈列着这位大雕塑家的作品）以及一座精巧公园里罗森伯格城堡③的微缩模型，也不去观赏交易所这座令人惊叹的文艺复兴时期的建筑以及它那由四条青铜龙尾交错而成的钟楼。甚至连城墙上的巨大风车他也不以为然，而那座风车的羽翼总是鼓起的，犹如海船上迎风鼓起的风帆。

唉！如果我美丽的格劳班在我身边，一起漫步港口，该是多美呀！红顶的双层船和三桅战舰静静地泊于海峡那绿树掩映之中；透过浓密的树丛可以看到一座城堡，上面的大炮张着巨大的黑魆魆的炮口，藏于接骨木和柳树的枝丫之间。

唉，可惜呀！天不从人愿，我可怜的格劳班离我这么远，我还有望与她重相见吗？

但是，叔叔尽管不为美丽景色所动，但却被哥本哈根西南角阿马克岛上的一座教堂的钟楼给吸引住了。

他命令我同他一起向教堂前进。我们上了一只在运河中摆渡的小汽船，不一会儿就到了船坞码头。

狭窄的道上，身穿黄灰相间囚服的犯人们在看守的监督下做着苦工。我们穿过几条马路，到了弗莱瑟教堂。教堂有一外架楼梯，

---

① 约为两法郎七十五生丁。

② 1770—1844，丹麦雕塑家。

③ 又译为罗森博格城堡，位于哥本哈根市中心。

从平台蜿蜒而上，直抵钟楼尖顶，只这一点吸引了我叔叔的注意。除此而外，这教堂并无任何奇特之处。

“咱们上去。”叔叔说。

“会头晕的！”我答道。

“因此才要上去，得习惯登高。”

“可是……”

“行了，走吧，别啰唆了！”

我只好硬着头皮跟着走了。马路对面的看门人给了我们一把钥匙，于是我们便开始爬楼梯了。

叔叔精神抖擞，步伐矫健。我则胆战心惊地跟在他的后面，因为我很容易头晕。我不是鹰隼①，无平衡能力，又做不到泰然自若。

我们在钟楼里盘旋向上，一切还都挺顺利的。可是，上了一百五十级梯级之后，风迎面袭来：我们已经上了平台。外架楼梯便从平台这儿开始向上伸去，旁边只有一根细栏杆作为扶手。梯级越往上越窄，似乎伸向了宇宙空间。

“我上不去！”我叫嚷道。

“你是懦夫呀？跟我往上爬！”叔叔毫不留情地呵斥道。

我无可奈何地用手抓紧栏杆，跟着叔叔往上爬着。风挺大，吹得我头晕目眩。我觉得钟楼在风中摇晃着。我两腿绵软无力，干脆就双膝着地，真的在爬了。我真的是害怕，不自觉地便将眼睛闭上，继续爬着。

最后，只觉得我的领口被叔叔一把抓住，硬给拽上了钟楼顶端的圆球边。

“你看，”叔叔冲我叫道，“往下看！你得学习登高俯视。”

我把眼睛睁了开来，我看见下方的房屋扁平扁平的，似乎在烟

① 隼，sǔn，一种猛禽，飞翔能力极强。

雾中被压得坍塌了一般。白云在我头顶飘飞。由于错觉，我觉得它们飘在空中，静止不动。而尖顶、圆球和我则在以一种难以置信的速度被带着飞奔。远处，一边是绿油油的田野，另一边是在阳光下闪烁的大海。森德海峡一直延伸至赫尔辛格①。海面上白帆点点，似海鸥展翅。在东面的烟雾之中，瑞典海湾曲折蜿蜒，依稀可辨。这些景象都在我的眼前旋转摇晃着。

叔叔命我站直身子，往四下里眺望。我这是平生第一次上晕眩课。这堂课足足上了有一个小时。当我终于获释，回到地面，两脚踩在马路那坚实的石板地上时，我真的是双脚发软，浑身无力，快要瘫倒了。

“我们明天继续。”叔叔说。

这种令人头晕目眩的练习课我一连上了五天。尽管并非自觉自愿，但我毕竟在对付恐高症方面有了很大的进步。

---

① 丹麦西兰岛上的一个港口城市，莎士比亚戏剧《哈姆雷特》中的故事就发生在这座城市。

第九章　在冰岛

该出发了。

头天晚上，好心的汤姆逊先生给我们送来了几封热情洋溢的介绍信，分别写给冰岛总督特朗普伯爵、助理主教皮克图尔森先生和雷克雅未克市长芬逊先生的。叔叔热情地与汤姆逊先生握手，深表谢意。

6月2日，早上六点，我们宝贵的行李物品被装上了“瓦尔基里”号。船长将我们叔侄领到甲板下面那略显狭窄的船舱里。

“顺风吗？”叔叔问船长道。

“风很顺，”布加恩船长回答道，“是东南风。我们将把船帆张起，驶出森德海峡。”

片刻过后，小船便扬起全部船帆，向大海驶去。一小时之后，丹麦首都似乎已沉没于远处的波涛之中。“瓦尔基里”号从赫尔辛格一闪而过。我神经挺紧张，本想能在那个充满传奇的平台上看见哈姆雷特的幽灵显现。

“崇高的疯人！”我喃喃地说道，“您肯定会赞许我们的行动！您也许会跟随我们一起下到地心，去寻找您的那个永恒的疑问的答案!”

可是，在那座古老的城墙上，什么也没有出现。那座古堡也比那位英勇无比的丹麦王子要年轻得多。它现在是这个每年有一万五千条各国船只经过的海峡的管理者的豪华寓所。

克伦伯格城堡①很快便消失在海上迷雾之中了。矗立在瑞典海岸上的赫尔辛堡②的高塔也看不见了。在卡特加特海峡③的微风习习之中，我们的小帆船微微侧倾着往前行驶。

“瓦尔基里”号是一条很棒的船，只不过人们坐在这种帆船里，心里总是很不踏实。这条船专门往雷克雅未克运送煤、日用品、陶器、羊毛衣裳和小麦，船员共五名，都是丹麦人。

“得多少天才能到?”叔叔问船长。

“十来天光景，”船长回答道，“如果在经过法罗群岛④时不遇上什么大的西北风暴的话。”

“要是真的遇上的话，也不会耽搁太多天吧?”

“是的，您尽管放心好了，里登布洛克先生，我们一定会到达的。”

傍晚时分，帆船绕过丹麦北端的斯卡根海角⑤，夜间穿越了斯卡格拉克海峡⑥，接近了挪威南端的林德奈斯海角，最后驶入北海。

两天之后，我们驶抵彼得里德⑦附近的海面，看到了苏格兰海

① 又译为克伦堡宫，建于1574年，是丹麦最富盛誉的宫廷建筑之一。
② 瑞典港口，位于丹麦赫尔辛格对岸。
③ 位于丹麦和瑞典之间的海峡。
④ 属丹麦，处于挪威和冰岛之间。
⑤ 位于丹麦的日德兰半岛北面。
⑥ 位于丹麦和挪威之间，连接北海和卡特加特海峡。
⑦ 苏格兰港口小城，位于北海之滨。

岸。“瓦尔基里”号穿过奥克尼群岛①和设德兰群岛②之间，径直向法罗群岛直驶而去。

没多久，我们的小船便在拍击着大西洋的海浪了。它逆着北风，艰难地驶抵法罗群岛。8 日那一天，法罗群岛最东端的米加奈斯岛已映入眼帘。这之后，小船便一直驶向位于冰岛南岸的波特兰海角。

整个这一段旅程没有什么奇特可言。我基本上没有晕船，只是我叔叔却晕得一塌糊涂，这使他大为不悦，颇觉汗颜。

由于晕船的缘故，他没法向布加恩船长打听斯奈菲尔、交通工具和旅行条件等方面的问题。看来只有到了目的地再说了。他一直在船舱里躺着，一坐起来就想吐。小船总是那么颠簸着，连船舱的隔板都在咔咔地响。我觉得他这是自找苦吃。

11 日，我们到了波特兰海角。天清气朗，高处的米尔达斯约库尔清晰可见。海角由一座挺高的小山构成，山坡陡峭，孤零零地耸立在海滩上。

“瓦尔基里”号与海岸保持着一定的距离，穿行于成群的鲸鱼和鳖鱼中间，往西边驶去。不久，我们看到一块似乎被凿穿了的巨岩，汹涌的海水在岩石缝中穿过。威斯特曼宛如一粒粒的小石子，散落在广袤无垠的大西洋水面上。此时，我们的帆船开始往后退却，以便留出足够的距离绕过冰岛西端的雷克雅奈斯海角。

海浪汹涌，叔叔无法登上甲板去欣赏那被西南风撕成锯齿状的海岸。

四十八小时之后，暴风雨袭来，我们赶忙收起所有的风帆。暴风雨过去了，我们在东边看到了斯卡根海角的航标。斯卡根海角的岩石在水下延伸，相当危险。一位冰岛领航员登上我们的小帆船。

---

① 位于苏格兰东北。8 世纪时，挪威人占领该群岛，15 世纪时划归苏格兰。

② 位于苏格兰北部的大西洋中。15 世纪时划归苏格兰。

三个小时后，我们的小船被引领到雷克雅未克前面的法克萨湾停泊。叔叔终于走出了船舱。他面色苍白，满脸憔悴，但人很兴奋，目光中流露出十分满意的神情。

城里的居民聚集在码头上。他们对来往船只都很有兴趣，因为大家都可以从船上买到点东西。

叔叔赶紧离开了他所认为的这个“水上医院”或“水上监狱”。但在走下甲板之前，他拉我上前，指给我看海湾北面的一座高山，此山有两座山峰，终年积雪。

“斯奈菲尔！”他大声地对我说道，“斯奈菲尔！”

说完，他便以手示意我，不得声张，绝对保持沉默。然后，我们便上了等候在那儿的一只小船。我跟在他身后，不一会儿就踏上了冰岛的土地了。

我们见到了身着将军服的冰岛总督特朗普伯爵，他满面红光，气色很好，其实他只是一位行政长官，而非军人。叔叔连忙把从哥本哈根带来的介绍信呈给总督，并用丹麦语与其进行了一番简短的谈话。我不懂丹麦语，对他俩的交谈不甚关心。不过，谈完话之后，特朗普总督表示可以满足里登布洛克教授提出的全部要求。

另外，市长芬逊先生也热情地接待了叔叔。他不仅与总督一样，身着戎装，而且态度也一样的和蔼可亲。

而助理主教皮克图尔森先生，因正在北部教区巡视，未能和我们谋面。可是，我们却遇到了一位非常可亲可爱的先生，给了我们极其宝贵的帮助。此人名叫弗立德里克森，是雷克雅未克学校的一位教自然科学的教授。这位教授只会冰岛语和拉丁文，他用贺拉斯①所使用的语言与我交谈，我俩谈得很投机，他成了我在冰岛逗留期间唯一可以与之交谈的人。

---

① 前65—前8，古罗马诗人、批评家。

这位热情好客的教授把自家那三间屋子中的两间交给我们使用。我们立刻将行李搬了进去，安顿好。我们的行李多得令当地居民十分吃惊。

“好了，阿克赛尔，”叔叔对我说道，“一切顺利，最困难的事情已经解决了。”

“什么？最困难的事情？”我不解地问。

“是呀，接下来就是往地下走了。”

“那倒是的，可是，下去之后。怎么上来呀？”

“咳，这我可不担心！来吧，别浪费时间了。我要去一趟图书馆，那儿也许会有萨克努塞姆的手稿，要是能查阅到一些的话，那就太好了！”

“我想趁这段时间去游览一下市容。您不去呀？”

“噢，我对此不感兴趣。在这片土地上，有趣的东西不在地上，而是在地下。”

我走出屋去，信马由缰地溜达着。雷克雅未克只有两条街，不至于迷路。所以我也就无须用手比画着去打听路，免得招惹麻烦。

这座城市位于两座小山之间，地势很低，且多沼泽。城市一边为一大片火山熔流所覆盖，缓缓地伸向大海；另一边则是宽阔的法克萨海湾，海湾北岸是巨大的斯奈菲尔冰川，此刻海湾中只停泊着一条船——“瓦尔基里”号。平常日子，英国与法国的护渔船都停泊在海湾中，但现在它们正在冰岛东海岸执行着任务。雷克雅未克仅有的两条马路中比较长一些的那一条，与海岸平行，两边都是商人和伙计住的房子，用横叠起的红木建造的；另一条马路偏西边，通向小湖，马路两边住着主教和非经商的人。

我很快就走完了这两条没什么可观赏的马路。我时不时地可以看到一块像是旧地毯似的发黄了的草坪或者几个菜园子。菜园子里稀稀拉拉地长着一些土豆、青菜和莴苣，还有几株长得没有模样的紫罗兰，似乎都在凑合着活着。

在那条非商业街的中间部分，我发现一个公墓，用土墙围着，面积倒挺大的。再往前走几步，就到总督官邸了。与汉堡的市政厅比较起来，总督官邸简直像是一幢破屋陋舍。不过，与冰岛老百姓的茅屋相比，它可算得上是一座富丽堂皇的宫殿了。

小湖与城市中间耸立着一座教堂，建筑风格属新教的样式。它是用火山喷出的石灰石建造的。屋顶上铺着红瓦，遇上西风劲吹的日子，红瓦便会漫天飞舞，对教徒们构成了极大的威胁。

教堂旁边的一块高地上，我看见了国立学校。后来我从房东那儿获悉，该校教授希伯来语、英语、法语和丹麦语。惭愧得很，这四种语言，我连一个字母也不识。与这所学校的四十名学生相比，我可是最差劲儿的一个学生了。我也不配同他们一起睡在那些好似衣柜似的上下铺上：娇气的人，在这种床铺上睡上一晚，肯定会被憋死的。

我花了尚不到三个小时的时间便将整个城市及其四周逛了个遍。整体而言，这座所谓的城市太单调乏味了。没有树木，也无花草，到处遍布着火山石那尖利的棱角。当地居民的房屋是土与泥炭建造而成的，墙向内倾斜，看着就像是放置于地上的屋顶。不过，这些屋顶倒还是挺肥沃的草地。由于屋里居民散发出的热量，屋顶上的草倒还长得挺不错的，长到一定程度之后，必须及时地小心地将草割掉，不然的话，家畜就会爬上这绿色屋顶草场去吃草了。

散步的时候，我很少看到人。可回到商业街时，却看见不少居民在忙于晒、腌和装运鳕鱼，那是当地主要的出口产品。居民们看上去身体很壮实，但却很笨拙，头发比德国人的还要黄，神色却很忧郁，仿佛自己感到与人类世界没有接触似的。我试图在他们的脸上发现一丝笑容，但并未能遂愿；他们偶尔也会笑一声，但那也只不过是脸部肌肉下意识地抽动一下，根本就算不上笑。

他们的服装包括一件宽大粗糙的黑羊毛外套，当地称之为“瓦特迈尔”，在北欧非常有名。另外还有一顶阔边帽、一条红色滚条长裤和一块折叠成鞋状的皮。

女人们的脸色显得阴郁，看上去很规矩服帖的样子，长得还算有点姿色，但却没什么表情。她们身穿紧身胸衣和深色的“瓦特迈尔”裙。姑娘们的辫子梳成花冠状，头上戴着棕色的绒线帽；已婚女子则用彩色头巾包着头，头巾上还用一块白布做成头饰。

我散完步回来，见叔叔正与房东弗立德里克森先生在一起。

第十章　冰岛的一顿晚餐

晚餐已准备就绪。里登布洛克教授在船上未能好好进食，今晚竟狼吞虎咽起来。这顿晚饭是丹麦特色而非冰岛饭菜，并没有什么出众之处，可是，我们的这位冰岛主人（不是丹麦主人）却让我想起了古时好客主人的故事来。很明显，我们已不像是客人，有点反客为主了。

席间交谈用的是冰岛语，叔叔不时地夹上几句德语，而弗立德里克森先生则夹几句拉丁文，好让我多少也能听懂一些。既然这是两位学者之间的交谈，主题自然是关于科学的问题。不过，在谈及我们的计划时，叔叔则显然是非常谨慎小心的，而且每说一句，都要用眼神示意我不可多言。

弗立德里克森先生首先问及我叔叔在图书馆里查阅到了点什么。

"唉！你们的图书馆，"叔叔大声说道，"书架上只有零零星星的几本书，少得可怜啊！"

"什么？"弗立德里克森先生不无惊诧地说，"图书馆内可是有八千册书啊！其中还有不少的珍本和孤本哪！有的是用古老的斯堪的纳维亚语写的，哥本哈根每年都向我们提供所有的新书。"

“可那八千册书都跑哪儿去了？依我看……”

“噢，里登布洛克先生，书都被借到全国各地去了。在我们这个古老的冰岛，人人都非常喜欢看书学习！连农民和渔民都能识文断字。我们认为，书是用来看的，而不是摆设，放在书架上发霉。因此，那些书经人一借再借，传来传去，常常是借了一两年之后才还回来。”

“那么，外国人……”叔叔气恼地说。

“这就没有办法了，”弗立德里克森先生打断叔叔道，“外国人有他们自己的图书馆，再说，我们的农民渔民也得受教育。我再说一遍，对看书学习的兴趣爱好已经渗透到冰岛人的血液中去了。所以，1816 年，我们成立了一个文学协会，发展情况非常的好，而且还有外国学者参加。协会还出版了一些书籍，都是一些教育我们同胞、为祖国服务的书。如果您能屈驾加入，里登布洛克先生，我们将不胜荣幸。”

叔叔已经是一百多个科学协会的会员了，但他仍然十分高兴地同意加入，令弗立德里克森先生大为感动。

“现在，”弗立德里克森先生说道，“请告诉我您想在我们图书馆寻找什么样的书，也许我可以帮您找一找的。”

我看着叔叔，见他颇为犹豫，因为这与他此次的计划密切相关。但是，稍加考虑之后，他还是做了回答。

“弗立德里克森先生，”叔叔终于开口说道，“我想知道，在你们图书馆的古籍中，是否有阿尔纳·萨克努塞姆的著作。”

“阿尔纳·萨克努塞姆！”弗立德里克森先生说，“就是那位十六世纪的学者，那位伟大的博物学家、炼金术士和旅行家？”

“对，就是他。”

“冰岛文学和科学的一大荣光？一个著名的人？”

“正是。”

“他的勇气堪与他的天才相媲美。”

“没错。我觉得您对他非常了解。”

叔叔仿佛遇上了知音，心里十分高兴，于是追问弗立德里克森先生说：

“您有他的著作吗？”

“没有！没有他的书。”

“什么？冰岛竟然没有他的书？”

“是呀，冰岛也好，其他地方也好，都没有他的书。”

“那怎么搞的？”

“因为阿尔纳·萨克努塞姆因传播邪教而屡遭迫害，他的著作于1573年在哥本哈根被行刑的刽子手全部焚烧了。”

“啊，好！太好了！”叔叔大声叫道，令冰岛的那位教授惊诧不已。

“您在说什么呀？”弗立德里克森先生疑惑不解地问道。

“对，这说明了一切问题。我现在才明白为什么阿尔纳·萨克努塞姆会遭受排斥，不得不把自己的天才发现隐瞒起来，并将这个秘密隐匿在一封难以读懂的密码信中……”

“什么秘密？”弗立德里克森先生颇感好奇地问道。

“这个秘密……它……”叔叔开始吞吞吐吐了。

“您是不是有一封特别的信呀？”我们的主人追问道。

“不……我说的完全是一种假设。”

“好吧，”弗立德里克森先生看到叔叔局促不安的神情，不便继续追问，但却补充说了一句，“我希望您在离开冰岛之前，能从我们这儿的矿藏资源中有所获。”

“当然，”叔叔回答道，“不过，我们来得稍晚了点。是否有其他学者先我们而来了？”

“是的，里登布洛克先生。已经前来此地考察过的有：奉国王御旨的奥拉弗森和彼韦尔森、特罗伊德搭乘法国‘探索’号护卫舰①前来的加马尔和罗贝尔。最近还有一批学者搭乘‘霍尔坦丝王后’号驱逐舰来过这儿。他们对冰岛的地理、历史的研究做出了很大的贡献，但是，说实在的，仍然有许多空白需要填补。”

“真的?”叔叔竭力掩饰自己的激动，若无其事地问道。

“是的。还有许多的山峰、冰川和火山尚需人们去继续探究。不用说远处，您就看前面那座山峰吧，那是斯奈菲尔。”

“啊，斯奈菲尔!”叔叔大声应答道。

“对，这是最奇怪的火山中的一座，到目前为止，还没多少人到过它的火山口。”

“它是死火山?”

“嗯！它已经熄灭了有五百年了。”

“那么，”叔叔边说边来回地架起腿来，免得自己会激动得跳起来，“我觉得我应该去塞菲尔……不，费塞尔……对了，它叫什么来着。”

“斯奈菲尔。”好心的弗立德里克森先生重复道。

他俩是用拉丁文交谈的，所以这段对话我全都听懂了。看到叔叔那难以掩饰的喜悦心情，又故意装出若无其事的神态，我真的有点忍俊不禁②。

“是的，”叔叔说道，“您的这番话让我下定了决心，去攀登斯奈菲尔，甚至要去探查一下它的火山口。”

“很遗憾，”弗立德里克森先生回答道，“职务在身，无法陪同前往。否则我是一定要陪你们去的，这一定会是一次充满乐趣而又获

① 自1830年“七月革命”之后，法国第二次开拓殖民地，向海外派出许多远征舰队，与英国在海上展开了“军备竞赛”。

② 忍不住笑。

益良多的旅行。”

“啊，不，不，不!”叔叔赶忙回答道，“不敢打扰，弗立德里克森先生，我真的很感谢您。有您这么一位大学者同行，当然是最好不过的了。只是，您还是以工作为重吧……”

我猜想我们的主人——那冰岛人的脑袋肯定没有那么多弯弯绕，他是听不出我叔叔的言外之意来的。

“里登布洛克先生，”弗立德里克森先生说道，“我非常赞成你们从这座火山开始调查研究。你们一定会在那儿得到很多奇特的收获。请告诉我，你们打算如何前往斯奈菲尔半岛?”

“渡过海湾。这是一条近道。”

“也许是的，不过，您没法走这条近道。”

“为什么?”

“因为这儿一条船也没有。”

“真糟糕!”

“你们必须走陆路，沿着海岸走。路虽然远了点儿，但却不乏乐趣。”

“只好如此了，不过，我得想法找一名向导带路。”

“我正好可以给您推荐一位。”

“可靠吗? 机灵吗?”

“很可靠，很机灵，是半岛居民，靠捕捉绒鸭为生。非常能干，您一定会满意的。而且，他还能讲一口流利的丹麦语。”

“我们什么时候能见到他?”

“如果您同意的话，就定在明天吧。”

“今天不行吗?”

“不行，因为他明天才能回来。”

“那就明天吧。”叔叔叹了口气。

不一会儿，谈话就算结束了。叔叔对冰岛教授一再地表示感谢。

叔叔在这个晚餐桌上了解到不少情况：萨克努塞姆的历史、那封神秘的信件的由来……

弗立德里克森教授无法陪同前去，明天将有一名当地向导为我们带路。

第十一章　向导汉斯·布杰尔克

晚上，我在雷克雅未克海滨溜达了一会儿，早早地就躺在宽大的木板床上呼呼大睡了。

当我醒来时，只听见叔叔已在隔壁房间里大声说话。我立即翻身下床，来到他的房间。

叔叔正在用丹麦语与一个人交谈。此人身强力壮，高大魁梧，力大无穷。一双蓝眼睛，单纯，透着灵气，深嵌在大脸庞上。一头在英国会被认为是染成的棕红色长发，披在他那坚实的肩头上。他举止温柔、沉稳，说话时不带手势，胳膊几乎一动不动。看上去他是个性格平静沉稳、毫不懒散的人。我暗自在想，此人不会向他人索取，只知道干自己的活儿，其人生哲学想必是处事不惊，顺其自然。

叔叔一个劲儿地讲述着，那人只是在注意地听，我则注意观察他的性格特点。他双臂搂抱着，一动不动地站在那儿听叔叔滔滔不绝地说。当他表示反对时，他就把脑袋从左往右摇一下；表示赞同时，便轻轻地点一下头，动作极小，连长发都纹丝未动。他如此吝惜自己的动作，简直让人咋舌。

说实在的，细观此人，我怎么也想不到他会是个猎人。他那模样、动作绝不会让鸟兽惊吓的，他怎么可能打鸟捕兽呢？

后来，等弗立德里克森先生告诉我这位平静的男子只是捕捉绒鸭时，我才终于明白了。绒鸭的绒毛是冰岛的最大财富，被称作鸭绒，采集时无须多大的动作。冰岛海岸峡湾①颇多。每年初夏时节，美丽的雌绒鸭便纷纷来到峡湾的岩石丛中做窝。筑好窝后，雌绒鸭便会将自己胸前的纤细羽毛拔下来，铺在窝里。这时，猎人或商人便会跑来把绒鸭窝弄走，雌绒鸭不得不另筑新巢。它们就这么不停地在筑巢做窝，直到雌绒鸭的羽毛被拔光了为止。这时，雄绒鸭便来接替雌绒鸭，用自己身上的羽毛来筑巢。而雄绒鸭身上的羽毛既粗又硬，无商业价值，猎人或商人不会来偷，所以鸭窝才得以安然无恙。雌绒鸭于是便在雄绒鸭筑起的窝里下蛋，小绒鸭在窝里破壳而出。第二年，采集鸭绒的工作便又重新开始了。

由于绒鸭选择做窝的地方并非陡峭的山岩处，而是伸向大海的平缓的岩石丛中，所以冰岛的弄鸭绒的猎人们的活计并不危险，也不费力。他们像是农夫一样，但却用不着耕田犁地，挥镰割麦，只是在等待收获，坐享其成。

这位少言寡语、不苟言笑的沉着冷静的汉斯·布杰尔克，是弗立德里克森先生亲自举荐的，他将是我们的向导。他的举止形态与我叔叔形成了鲜明的对照。

不过，虽然二人性格迥异②，但很快却相处甚欢。双方并未谈及酬金的问题，一方准备付多少，另一方就拿多少；一方要多少，另一方就准备付多少。没有讨价还价，各不相让的，所以这笔交易实在是太好做了。

---

① 峡湾是冰川槽谷的一种特殊形式，两岸陡峭，谷底宽而深。

② 相差很远。迥，jiǒng。

根据约定，汉斯必须把我们送到斯塔毕村，那是斯奈菲尔半岛南岸、火山脚下的一个村庄，距离我们住地约有二十二英里地，叔叔估计得走上两天。

可是，后来叔叔才明白，所说的“英里”是丹麦的里，一丹麦里等于两万四千英尺，他就没敢说两天，而是改口为七八天，需做长途跋涉的准备。

我们共有四匹马，我和叔叔各骑一匹，另外两匹用来驮行李物品，汉斯习惯于步行，不愿骑马。他非常熟悉这条道，答应带我们走近道。

叔叔与汉斯签的协议并非让他把我们送到斯塔毕村就算完成任务了。叔叔还要求汉斯在整个科学考察期间，随时随地地为我们提供帮助，酬劳为每星期三块银币①，但同时规定，酬金必须在每个星期六的晚上交付向导，不得延误。

我们决定6月16日出发。叔叔本想预先支付酬金，但为汉斯所拒绝。

“后付。”汉斯用丹麦语回答道。

“好，后付。”叔叔翻译给我听。

说定了之后，汉斯便离去了。

“真是个了不起的人，”叔叔大声说道，“他还不知道自己以后将要扮演多么神奇的角色呢。”

“这么说，他将陪同我们一直到……”

“对，到地心，阿克赛尔。”

离出发还有四十八小时，令我颇觉遗憾的是，我不得不将这段时间用在行前的行李物品的包装上。为了把每件物品放得恰到好处，我们真是动了不少的脑子：仪器放这边，武器放那边；工具放在这

① 合十六点九八法郎。

个包里，书放在另一只包里。一共分了四个组。

仪器包括：

一、一支一百五十度的摄氏温度计，这个温度我觉得既太高又太低。如果气温真的升至一百五十度，那我们也就被蒸熟了；如果用它来测量沸泉或其他熔化的物质，那温度计的标度又太低太低了。

二、一个压缩空气流体气压表，用来测量高于海平面气压的大气压力。随着我们越深入地心，气压就逐渐增大，普通气压表是解决不了问题的。

三、一个日内瓦小布瓦索纳制造的计时器，该计时器在穿越汉堡的经线时做过精确的校正。

四、两只罗盘，一只用来测倾角，另一只用来测偏角。

五、一副夜视望远镜。

六、两只路姆考夫①照明灯。此灯系用电流为能源，便于携带，非常安全、轻巧。

武器包括两支普德利·摩尔公司生产的马枪和两把科尔特左轮手枪。为什么还要带上武器呢？我觉得我们根本就不会遇上什么野人或猛兽的，可我叔叔却非要说武器与仪器同样重要。他尤其关注那一大堆的防潮火棉，因为这种火棉比普通炸药猛烈得多。

至于工具嘛，有两把铁锹、两把十字镐、一根丝绳、三根铁棒、一把斧子、一把锤子、十几个凿子、一些螺钉，以及几根很长的绳子。这些东西放在一起就是一个大仓，因为光是绳梯就有三百英尺长。

最后就是食物了。食物包不算大，但这就足够吃的了，因为里面有压缩肉食和饼干，吃上半年不成问题。饮料则只有刺柏酒，没有水，不过我们带有水壶，叔叔认为找到泉水就可以将水壶灌满，

① 1803—1877，德国物理学家。他发明的线圈灯轻巧安全，不会引发瓦斯爆炸。

可我却觉得泉水的水质和水温可能不尽如人意，但叔叔对我的看法不以为然。

此外，我们还带了一只旅行药箱，内有：钝口剪刀、骨折夹板、生丝胶带、绷带、止血带、橡皮膏、放血刀，看着让人心里害怕。另外还有各种大小瓶子，装着各种药水：糊精、医用酒精、液体醋酸铅、乙醚、醋和氨水，看了也让人不太舒服。最后就是路姆考夫照明灯工作时所需要的种种物品。

叔叔还特别没忘记带上烟草、火药、火绒和一条皮腰带。他将皮腰带系在腰里，放了足够的金币、银币和纸币。在放工具的包裹里面，还放有六双结实的皮鞋，都涂上柏油，不透水。

“有了这种行头和装备，去再远的地方也不用担心了。”叔叔对我说道。

14日白天全都在打点行李。晚上，我们在总督府上用了晚餐，雷克雅未克市市长和当地名医雅尔塔兰博士出席作陪。弗立德里克森先生没有出席，后来我得知，他与总督在一个行政问题上看法相悖①，已互不往来。由于他的缺席，在这次半官方的晚宴上，我对他们的谈话一句也没听懂。我只看到叔叔在一个劲儿地说个不停。

第二天，15日，一切准备就绪。我们的房东送给我叔叔一张四十八万分之一的冰岛地图。此图是奥拉夫·尼古拉·奥尔森按照谢尔·弗里萨克的大地测量和布若恩·古姆罗格森的地形数据绘制而成的，由冰岛文学出版社印制出版，比安德森绘制的那张地图好得多。叔叔如获至宝，高兴至极，对于一个地质学家来说，这可是珍贵的资料。

动身前的那个晚上，我与弗立德里克森亲切地长谈了一次，我对他颇具好感。谈完话之后，我便回屋睡下，但却难以成眠。

---

① bèi，混乱，相冲突。

清晨五点，窗前的四匹马嘶鸣起来，把我吵醒。我急匆匆地穿上衣服，跑到街上。汉斯刚把我们的行李物品装上车。他动作不大，但却十分灵活、敏捷。叔叔干活儿不多，但话却不少，而我们的向导对他的叮咛嘱咐好像并不太在意。

六点时，全都准备妥当了。弗立德里克森先生同我们握手告别。叔叔真心实意地用冰岛语向他表示了衷心的感谢。我则用漂亮的拉丁文与他热情话别。随后，我们纵身上马，弗立德里克森先生用维吉尔的一句诗作为告别词，这句诗似乎是特意为我们这些命运难测的远行者写的：

无论命运让我们走哪条路，我们都会走下去。

第十二章　去往斯奈菲尔的路上

这一天，天空云量增多，但天气倒还算是不错的，既没下雨，天又不热，正好赶路。

骑马穿越一个陌生的国度是件乐事，使我觉得此次旅行开端良好，是个好兆头。我已完全沉浸在旅行的欢快当中，心里充满着希望与自由。我甚至已经开始喜欢这次探险了。

“再说，”我心里思忖着，“也没什么可以提心吊胆的嘛！我担心什么呀？担心在一个陌生国度旅行？担心攀登一座令人瞩目的高山？不就是钻入一座死火山的底部去嘛！那位萨克努塞姆从前肯定也下去过吧？至于说有一条通道可以直达地心，那纯属幻想！绝对不可能的！所以，我管那么多干什么呀？还是尽情地享受这次旅行的乐趣吧，用不着杞人忧天①！”

这时，我们已经走出了雷克雅未克了。

汉斯打头。他步履稳健，步伐匀称，速度挺快。两匹驮着行李

① 传说杞国有个人怕天塌下来，吃饭睡觉都感到不安。借指为不必要忧虑的事情而忧虑。

的马跟在他的身后，稳稳当当地走着。我和我叔叔则紧跟在前面的两匹马后面。我们的马虽矮小，但却很强壮，非常精神。

冰岛是欧洲最大的岛屿之一，面积是一千四百平方公里，人口却只有六万。地理学家将冰岛分为四个部分，我们则几乎是在斜着穿过西南面的名为“苏德韦斯特·弗若敦格”的那一部分。

离开雷克雅未克之后，汉斯立即选择了一条沿海岸而行的路径。我们骑着马穿越了一些贫瘠的牧场，上面的牧草黄兮兮的，不见绿色。伸出在地平线以上的那些粗面岩小山的嶙峋山顶，隐没在东边弥漫的烟雾之中。时而可见几块积雪聚集起道道散光，在远处的山腰上闪烁着；一些高耸的山峰直插灰色的云端，然后在移动着的水汽之间闪现，犹如云海中藏着的礁石。

这些绵延不断的陡峭岩石甚至穿过牧场，伸向大海，但中间有较大的间隔，我们可以顺利地穿过。另外，我们的坐骑“老马识途”，常常会选择最合适的路径，速度丝毫不减。叔叔从不大声吆喝，也不扬鞭催马，他根本用不着着急。我看他骑在那匹矮马上，身材尤显高大，两只脚时不时地会碰着地面，宛如神话中长着六条腿的半人半马怪兽一般，真让人觉得非常好笑。

“好马！好马！”叔叔夸赞道，“你瞧，阿克赛尔，再没有什么动物比冰岛的马更聪明的了。大雪、风暴、无法通行的路、岩石、冰川等，全都阻挡不住它们一往无前。它们勇敢、坚韧、驯服、镇静。前面即使遇到河流或峡湾，它们照样能够穿越，毫无惧色，毫不犹豫地游过去，如同两栖动物一般。我们用不着催促它们，任由它们奔驰，一天肯定能走上二十五英里的。”

“我们当然可以的，”我说道，“可是向导步行，能走这么远吗？”

“噢，我们根本用不着担心他。他走起路来健步如飞，不知累，因为他的身子好像并不怎么动似的，所以不会疲乏的。再说，必要的时候，我可以把我的马让他骑。我毕竟也得活动活动，不然老这么骑着，身体会发麻，胳膊腿要抽筋儿的。胳膊倒还可以，腿脚肯定得活动活动的。”

我们在快速向前。我们周围几乎不见人烟了。时不时地能见到一座孤零零的农庄，或者一座用木头、泥土和火山熔岩建造的孤立农舍①，如同城里的乞丐一般，蜷缩在田头路边。它们让人看着就像是在向过往人等行乞，求得一点施舍。在这一带，没有公路，甚至没有乡间小道。地上的植物虽然长得很慢，但已足以将寥若晨星②的行路人的足迹掩盖住了。

然而，这儿离首都却很近，已经属于冰岛有人烟有耕地的地方之一了。如此说来，与这片荒芜之地相比，更加荒凉的地方会是什么情景呢？我们走出半英里地，却未见有农民站在茅屋门前，也没有遇见任何一个牧人，与被放牧的牲畜相比，牧人也许比它们更加的粗野。我们所看见的是几头奶牛和几只绵羊，懒洋洋地待着，无人照管。那些常被火山爆发和地震惊扰的地区，情况将更加不忍目睹了。

这些地方的情景，我们日后会知晓的。看了奥尔森绘制的地图，我发现我们正沿着曲折的海岸走，已经避开了上述地带。其实，地球大规模的深层运动主要集中在冰岛的中心地区。在重叠的水平岩石层、粗面岩石带、被火山喷发出来的玄武岩、凝灰岩和砾岩，以及火山熔岩流和熔化状态下的斑岩的共同作用下，那些地区已经变得难以想象的可怕了。同样，斯奈菲尔半岛也受到影响，变得面目可憎，不过，我当时对我们将要看到的情景并无丝毫的概念。

离开雷克雅未克两个小时以后，我们到达了古富奈小镇。该小

① 冰岛的传统农舍，又译为“草皮屋”。

② 稀少得好像早晨的星星。

镇又被称为“奥阿尔基雅”，意为“主教堂”，只有几幢房屋。要是在德国，这种地方顶多也只能算是个小村子而已。

汉斯提议在此打个尖①，歇半个钟头。他同我们一起简简单单地吃了一顿午饭。叔叔向他打听沿途的路况，他只是回答“是”或者“不是”。我们最后问他今晚在何处过夜，他只说了三个字：

“加尔达。”

我查看地图，找到了加尔达。它离雷克雅未克有四英里地，位于赫瓦尔峡湾岸上。我把这个小镇指给叔叔看。

“才四英里地！”叔叔说，“我们才走了二十二英里路中的四英里地！这也走得太慢了！”

叔叔在向向导提出异议，可向导没有理会，只管走在马前，带着马往前走去。

三小时过后，我们仍旧走在牧场那发黄带白的草地上。我们必须绕过科拉峡湾，这比横穿峡湾容易，且路程也短。很快，我们便走进一个小镇，名为“埃于尔堡”，是地方法院的所在地。如果冰岛的教堂都买得起钟的话，那么这儿的教堂钟应该早已敲十二点了，可是，这里的教堂与教区的居民一样，都没有钟，但这并未影响居民们的日常生活。

我们在埃于尔堡让马饮足了水，然后便沿着一个位于丘陵和大海之间的狭窄海岸，马不停蹄、人不歇脚地走到了布朗塔的“主教堂”。接着，我们又往前走了一英里地，来到了赫瓦尔峡湾南岸的索尔波埃“次教堂”。

此刻已是下午四点钟了，我们又走了四英里地。

此处，峡湾起码有半英里宽。海浪汹涌，拍击着尖利的岩石。峡湾两侧逐渐变得开阔，均高耸着三千英尺的岩壁。褐色的岩层为

① 打尖，指旅途中吃便饭。

微微泛红的凝灰岩所隔断，分外地惹眼。尽管我们的坐骑很机灵聪颖，但我却并不想真的骑上一个四足兽渡过峡湾。

“如果马儿真的机灵的话，”我说道，“它们就不会涉水而过。总而言之，就算是为它们着想，我也得机灵这么一回。”

可是叔叔却一定要骑马而过。他扬鞭催马，向岸边冲去。但马一见到大海的波涛，立即停止不前了。叔叔一急，脾气上来，更加猛打猛抽，但马儿却摆动着脑袋，不肯往前，招来叔叔的又一顿臭骂和鞭打。马儿也急了，尥起后腿，想把骑马人掀翻在地。最后，矮马屈着四条腿，低身穿过叔叔胯下，一溜烟地逃开了，撇下叔叔一人，待在岸边的两块岩石上。叔叔直挺挺地站在岩石上，宛如罗德岛上的巨人雕像①一般。

“啊，你个该死的畜生！”叔叔气极了，大声叫骂道。转瞬间，他竟然从骑兵变成了步兵，感到羞愧难当。

“船。”向导触了一下叔叔的肩膀，用丹麦语说道。

“什么！船？”

“那边。”汉斯指着一条船回答道。

“没错，”我大声地说，“是有一条船。”

“你怎么不早说呀！好了，走吧。”

“潮水。”向导又用丹麦语说道。

“他说什么？”我问叔叔。

“他说潮水。”叔叔把向导说的丹麦语翻译给我听。

“是不是要等潮水呀？”我问。

“非得等吗？”叔叔问汉斯。

“是的。”汉斯回答。

---

① 罗德岛位于爱琴海，据说岛上曾建成一座高约33米的太阳神赫利俄斯青铜铸像。

叔叔的脚踮着地。四匹马向着那条船走去。

我完全明白必须等着涨潮的原因。因为潮水涨到最高点的时候，也就是满潮了，大海也就变得相对平静了，既不涨也不落，渡海的小船既不致被潮水裹挟到峡湾深处去，也不会被卷入大海中。

这个最佳的渡海时间直到晚上六点钟才姗姗来迟。叔叔和我，以及向导、两名船工和四匹马，全都上了那条看上去并不十分坚固的平底船。我已习惯于乘坐易北河上的蒸汽船，所以看到船工们用的桨，觉得真的既笨拙又可怜。我们花了一个多小时才越过峡湾，不过，总算是平安地抵达了对岸。

半小时之后，我们来到加尔达的“主教堂”。

第十三章　向斯奈菲尔靠近

此刻，应是晚间了。但在这北纬六十五度的北极地区，白天这么长并不奇怪。在冰岛，六七月份，太阳是不落山的。

可是，气温却已下降。我觉得有点冷，更觉得肚子饿。有座茅屋门启开来，主人十分热情地将我们迎进屋来。

这是一户农家，但主人的热情好客简直让人觉得这儿是一座王宫。主人一见我们便连忙伸出手来，与我们紧紧相握，也不寒暄，就示意我们跟着他走。

我们只好跟在他的身后，因为过道既黑又窄，根本无法并肩而行。这过道通向用粗糙的四方横梁建成的房子。房子有四间房间，分别用作厨房、织布间、卧室和客房。而客房则是四间房间中最好的一间。主人在建房时根本没想到会有我叔叔那么修长身材的客人前来，以致叔叔的脑袋在天花板的横梁上撞了三四次。

主人领我们进了客房。这是一间十分宽敞的房间，地面是经平整压实的泥土地。房内有一扇窗户，窗上糊着不太透明的羊膜，代替窗玻璃。床上有两个红漆木头架子，上面写有冰岛谚语，床上铺着干稻草。我没有料到会有这么舒服的过夜处，只是屋子里弥漫着一股强烈的鱼干味儿、腌肉味儿和酸奶味儿，鼻子真的有点受不了。

我们刚把行李放下，主人便请我们随他去厨房。整个屋子只有厨房里生着火，即使在严寒的冬季也是这样。

厨房里的炉灶很原始。屋子中间放着一块石头，作为火炉炉床；屋顶上有一个洞，作为出烟处。厨房也兼做餐厅。

进到厨房兼餐厅，主人像是刚见到我们似的，立即说 Saellvertu，意思是“祝您快乐”，并吻了我们的面颊。

接着，女主人也同样这么说了一句。然后，夫妻二人把右手贴在胸口，深深地向我们鞠了一躬。

我得先补充说一句，这位冰岛女主人是十九个孩子的母亲。他们大小不一，全都挤在这间烟雾缭绕的厨房——餐厅里。我不时地可以看到一只金发小脑袋神情忧郁地钻出烟雾，活脱脱一位没有洗干净面孔的小天使。

我和叔叔都很喜欢这帮小家伙。很快，就有两三个小鬼爬到我们的肩膀上，又有两三个小家伙坐到了我们的腿上，其他的便挤到我们的怀前膝下。会说话的孩子用不同的语调对我们说“祝您快乐”，还不会说话的孩子也跟着大声呜噜着。

主人宣布开饭，这场“音乐会”也就被打断了。这时，我们的向导也回来了。他刚把马放到旷野上去，让它们自己去解决温饱问题。可怜的马儿们只能吃到岩石上稀稀拉拉的苔藓和一点点没多少营养的海藻。第二天，它们还不得不自己跑回来，继续前一天的活计。

“祝您快乐。”汉斯进来时对主人说道。

然后，他便平静而机械地逐一吻了男主人、女主人以及他们那十九个孩子。

仪式算是告一段落了，大家便各就各位，坐了下来，就餐者一共是二十四位，真的是你挨我我贴你地挤在了一起，即使是最幸运的人，腿上也坐了至少两个孩子。

汤一端上桌来，一桌子人便立刻静默不语了。对于冰岛人，哪怕是冰岛小孩，这种静默都非常自然，主人先把用地衣煮的并非不太合口味的汤分给大家，然后，便是一大块在保存了二十年的酸黄油里浸泡了的干鱼。按冰岛人的饮食观点，这种酸黄油不知比鲜黄油的味道要好多少倍哩！另外，还有拌有饼干的凝乳，名为“斯基尔”，里面还加了刺柏浆果汁，味道很重。至于喝的，则是当地人所说的那种“布朗达”，是掺了水的稀牛奶。我并没弄清这些食物是否美味，因为我肚子很饿，所以一口气吃完了，连最后一道甜点的最后一口荞麦粥也没有剩下。

吃饭后，孩子们都不见了。大人们围坐在烧着泥炭、灌木、牛粪和干鱼骨的火炉旁。大家身子暖和了之后，便各自回房。按照当地习俗，女主人要来为我们脱去长裤和袜子的，但在我们婉言谢绝了之后，她也没再坚持。于是，我便钻进我的稻草铺里了。

翌日早晨五点，我们向冰岛农夫告别。叔叔费尽了口舌才让对方收下了一笔适当的谢意。然后，汉斯示意我们立即上路。

离开加尔达不一会儿，地表便有所变化了。路变得泥泞不堪，举步维艰。右边群山绵延，宛如一道巨大的天然堡垒屏障，我们则沿着过堡垒的防护墙在往前走。沿途常常会遇上小溪，不得不蹚水而过，但又得保护好行李物品，不让它们受潮。

放眼四周，景色愈见凄凉。不过，不时地可以看见一个人影闪过。当我们沿着蜿蜒曲折的小路不经意地走到一个幽灵般的人身边时，我眼前出现的是一个光秃的脑袋，一脸水肿，脑门儿透亮，身着破衣烂衫，难遮满身令人作呕的伤口。

这个可怜人并未向我们伸出他那变了形的手，而是转身逃跑，但跑得也不快，汉斯还来得及跟他说一句“祝您快乐”。

“麻风病人。”汉斯用丹麦语说道。

“他得了麻风病！”叔叔翻译给我听。

我一听到这几个字，心里便感到恶心。

这种可怕的病症在冰岛很普遍。这病并不传染①，但却有遗传性，所以当地禁止麻风病人结婚。

有这种病人在这一带出没，原本凄凉的景象就更加凄惨了。说实在的，就连我们脚下的几根小草也都已奄奄一息。这里除了几棵矮得如同荆棘似的桦树和几匹因喂养不起而被任由其在荒野上游来荡去的马以外，我们再没见到一棵树或一种动物。偶尔可以见到一只秃鹰在灰暗的云中飞翔，然后急速转向南面飞去。这种荒凉景象让我感到心里沉甸甸的，不禁勾起了我的思乡情来。

不久，我们又穿过几个不大的峡湾和一个地地道道的大海湾。我们很走运，海潮很平静，无须等待，直接穿过。然后，我们又走了一英里地，到了阿尔夫塔纳的一个小村子。

我们趟过了两条小河：阿尔法河和埃塔河。河里游动着许多的鳟鱼和白斑狗鱼。晚上，我们不得不在一个被遗弃的破屋子里过夜。这个破屋陋舍宛如北欧神话中的各种妖魔鬼怪出没的场所，而且还是严寒之神的居所，因为我们被冻了一夜。

第二天，一路上并无什么特别的地方。同样的泥泞路，同样的枯燥景象，同样的沉甸甸的心情。到了晚上，我们已经走完了一半的旅程，在克罗索尔勃特的“次教堂”睡了一晚。

6月19日，我们踏上了熔岩地带，脚下的熔岩几乎有一英里长。熔岩表面满是褶皱，如绳缆一般，有时伸展开来，有时则蜷缩着。山谷间有一条巨大的熔岩流直泻而下，这足以证明，现在虽已是死火山的这些火山，其往昔曾经多么猛烈地活动着。而且，我们还会

① 麻风病是由麻风杆菌引起的一种慢性传染病，19世纪中叶以前，欧洲人认为是一种遗传病。

不时地看到有地下沸泉在喷出水蒸气。

由于时间紧迫，需要赶路，我们无法细细观察这些地质现象。不一会儿，我们的坐骑又踩踏着泥泞的土地了。前进的道路时不时地会被一些小湖给阻断。我们走的方向是正西。我们已经绕过了法克萨海湾，可以看到五英里开外，斯奈菲尔的那两座白色山峰兀立在云端。

泥泞路并未影响马儿的速度，而我却有点鞍马劳顿了。我叔叔仍旧像第一天一样的精神饱满。对于我们的向导，我真的佩服得五体投地，在他看来，我们的这次长途跋涉，只不过是小事一桩。

6月20日，星期六，晚上六点，我们来到海边小镇布蒂尔。向导向我们索要商定的酬金。叔叔把钱付给了他。接待我们的是汉斯的亲戚，确切地说，是他的叔叔和堂兄弟。后者很热情地接待了我们。我真想在这些好心人家中好好地休息一阵子，以解除旅途的劳累。可是，我叔叔却并不感到疲劳，他毫无在此多做停留的打算。第二天早晨，我们又不得不骑上我们的忠心的马儿赶路了。

离斯奈菲尔不远了。地面明显地可以看出受到这座火山的巨大影响，它的花岗岩石根如同老橡树似的裸露在地面上。我们绕着火山巨大的山脚往前走着。叔叔一直在盯着这座火山看，一边指手画脚，似乎在向它挑战似的说：

“这就是我们将要征服的巨人！”

最后，经过四个小时的行程，马儿在斯塔比的神甫家门前自动停下不走了。

第十四章　无谓的辩论

斯塔比是一个有三十多座茅屋的小镇，位于熔岩上面，因斯奈菲尔火山积雪的反射的缘故，阳光可以照到小镇上来。小镇在一个小峡湾的尽头；峡湾周围是玄武岩石壁，形状怪异。

大家知道，玄武岩是一种棕色岩石，源于火成岩。其形状排列简直是令人惊叹地整齐。在这里，大自然像人一样，按照几何方式对岩石进行加工，仿佛它也会使用人们所使用的三角尺、圆规和铅垂线似的。如果说大自然在别处通过艺术加工，制造了一大片杂乱无章的东西，造出了粗糙的圆锥体、不太自然的角锥体或一连串的奇形怪状的线条的话，那么，在这里，它却先于人类最早的建筑师，创造出整齐规整的范例，即使巴比伦的辉煌和古希腊的奇观，都无法与之相媲美。

我听人谈论过爱尔兰的巨人大道①，以及赫布里底群岛的范加

---

① 位于北爱尔兰贝尔法斯特西北的大西洋海岸，由数万根玄武岩石柱聚集成数千米的堤道。传说由一位爱尔兰巨人建造而成。

尔洞①，但是，我还从未亲眼看到过真正由玄武岩构成的景观。现在，在斯塔比，我终于看见这一景象了。

峡湾两边的石壁与半岛的所有海岸一样，都是一连串的垂直石柱，高达二三十英尺。这些笔直匀称的石柱支撑着一道拱门，拱门顶端是水平的石柱，往外伸出来，构成大海的半个穹顶。这些穹顶犹如天然的古罗马蓄雨池，隔一段距离，就会在它的下面看到轮廓妙不可言的尖形门洞。海浪从这些尖形门洞穿过，浪花阵阵。有几段玄武岩石柱遭狂涛袭击，连根拔起，横卧于地，如古寺庙废墟一般。不过，这些废墟总是显得很年轻，岁月的流逝未能在其上留下印记。

我们在陵地上的最后一段行程看到的就是这一景象。汉斯轻车熟路地带领着我们往前走，有他陪着我们，我心里踏实极了。

神甫的家是一个简朴低矮的棚屋，不比近旁的房子漂亮、舒适。我们走到门前时，见一人正手握铁锤，腰上围着皮围裙在给马钉掌。

“祝您快乐。”向导向他打招呼说。

“您好。”钉马掌者用纯正的丹麦语回答道。

“这是神甫。”汉斯扭过脸来告诉叔叔。

“神甫!”叔叔重复了一句后，转而对我说，“阿克赛尔，看上去这个勤劳的人就是神甫。”

这时，汉斯将我们的情况讲给神甫听了。神甫立即把手里的活计放下，发出一种马和马贩子中间流行的喊声，一个身材壮实的妇人便从棚屋里走了出来。我觉得她至少得有六英尺高。

我真害怕她会按照习俗给我们以冰岛式的亲吻，但她却没有，而且还很不情愿地把我们让进屋去。

我觉得客房是神甫家中最差的一间房间，它又矮小又脏乱，而

---

① 洞内因海水侵蚀形成玄武岩石柱群。

且还有一股臭味。不过，我们也应该知足了。神甫看上去并不具有好客的好传统。天黑之前，我发现我们是在同一个铁匠、渔夫、猎人、木匠打交道，此人根本就不像个神甫。不过，也许今日并非假日，礼拜日他可能就有所不同了。

我并不想讲这些可怜的神甫的坏话，因为他们的日子很清苦。丹麦政府给他们的补贴少得可怜，教区的税收也只有四分之一归他们所有，全部加起来也到不了六十马克①。因此，他们不得不干些杂活，补贴家用。长此以往，久而久之，他们也就染上了猎人、渔夫以及其他一些较为粗鲁的人的坏毛病，语言、举止、习惯也就变了。当晚，我发现我们的主人并没把节制饮食的美德列入应该遵守的行为准则中去。

叔叔很快便知道自己面对的是一个什么样的人，知道此人并非高尚正直的学者，而是一个凡夫俗子，一个愚蠢的农夫。于是，他便决定尽早离开这个不好客的神甫家，准备进山。他不顾鞍马劳顿，一路艰辛，准备赶到山里去住几天。

因此，在抵达斯塔比的第二天，我们便做起了出发的准备。汉斯雇了三个冰岛人，以替代马匹运送行李物品。双方商妥，到了火山口底部，这三个冰岛搬运工就返回去，行李物品就由我们自己想法解决了。

这时候，叔叔只好把他想尽可能地下到火山深处去探险的愿望告诉了汉斯。

汉斯只是点了点头。对他来说，去此处还是去彼处，深入火山底部还是只在火山表面走走，他都无所谓。可我，因沿途事情很多，注意力被分散，已经忘了这码事，但现在，一下子又勾了起来，心里的烦乱比早前更加厉害了。而我只能无可奈何，没有其他法子。

---

① 汉堡货币，约合九十法郎。

如果我有可能反抗里登布洛克教授的话，早在汉堡时我就反抗了，何必等到抵达斯奈菲尔山脚下呢？

在种种怪诞的想法中，有一个想法尤其弄得我苦不堪言。这个想法可怕至极，神经比我坚强的人也得受刺激。

“好吧，”我心中暗想，“我们要攀登斯奈菲尔山了。好呀！我们要上去看看它的火山口了，很好。有人这么做过，而且安然无恙地回来了。但这次却不尽然。如果真的有条路可能通往地心，如果那个该死的萨克努塞姆说的是真话，那我们就会在火山地下通道里迷失、丧命。再者说了，并没有什么可以证明斯奈菲尔真的就是一座死火山呀！谁敢保证它现在没在积蓄力量、准备喷发呢？这只怪物自1229年起一直沉睡着，但我们因此就可以认为它永远也不会苏醒吗？万一它苏醒过来，我们不就遭殃了吗？”

这个问题确实不可等闲视之①，而且我的确也在考虑。我只要一闭上眼睛，眼前马上就出现火山爆发的情景。我觉得自己在火山爆发中成了火山岩渣。太不值得了。

最后，我实在是憋不住了，决定把自己的想法委婉地告诉叔叔，让他知道这么做是不可能有好结果的。

于是，我跑去找他，把自己的疑虑和盘托出，然后退后几步，离他远点，任他暴跳如雷。

“是呀，我也在考虑这个问题。”他并没发作，只是这么回答了我一句。

他这话是什么意思？是不是想考虑我的意见，放弃探险计划了？果真如此，那就太好了！

他沉默了，我没敢惊动他。片刻之后，他接着说道：

“我确实也在考虑这个问题。我们一到斯塔比，我就开始注意你

---

① 当作平常的人或事物看待。出自周密的《齐东野语》。

刚才所提的那个严重的问题了。我们不能鲁莽行事。”

“是的，不能。”我语气坚决地说。

“斯奈菲尔火山已经沉寂了有六百年了，它随时都有可能活跃起来的。不过，火山在爆发之前是会有前兆的。我已经向当地居民打听过了，而且对地面情况也做了研究，我可以向你保证，阿克赛尔，它不会爆发。”

听他这么一说，我一时愣在那儿，一句话也说不出来。

“我说的你不信？”叔叔问我，“那好，你随我来。”

我木呆呆地跟着他走。他带着我离开神甫家，穿过一个玄武岩石壁的缺口，背向大海走去。不一会儿，我们叔侄二人便来到一处旷野。那是一大堆看不到头的火山喷发物。这里好像刚刚下了一场巨石雨，遍地都是玄武岩石、花岗岩石和各种各样的辉石。整个旷野好似被这场石雨砸碎了一般。

到处可见火山气体在往上冒。这是一种白色气体，冰岛语里叫作“雷基尔”。它源自地下沸泉，非常猛烈，告诉人们此处的火山活动情况。这一景象好像是在为我的担心提供佐证，所以当我听到叔叔对我说出下面这番话时，我真的是惊奇万分：

“你看到这些烟了吗，阿克赛尔？这恰好证明我们不用担心火山会爆发。”

“这是什么道理呀？”我不禁大声说道。

“你记住，”叔叔继续说道，“火山爆发之前，这些气体会异常活跃，而火山爆发时，它们就会完全消失，因为岩浆失去了足够的压力，便不再从地表裂缝中溢出，而是通过火山口爆发出来。因此，如果这些气体能够保持现有状态，如果其能量不再增加，如果天气没有从刮风下雨转为沉闷阴暗，那么就完全可以肯定，这火山近期内是不会爆发的。”

“可是……”

“好了，别说了。你最好是听从科学事实，不必多言。”

我被叔叔这么刺了一句，只好灰溜溜地回到神甫家。叔叔说的是科学道理，我无言以对。不过，我就心存一线希望，期盼着在火山口底部找不到通往地心的通道。这么一来，再有多少萨克努塞姆冒出来，也不顶用了。

整整一个晚上，我都在做噩梦，梦见自己置身于火山中，地底深处，仿佛自己就是一块火山岩石，被喷射到宇宙空间去了。

第二天，6 月 23 日，汉斯及其同伴们在等着我们，他们已背上了食物、工具和仪器。我和叔叔身背两根铁棒、两支长枪和两匣子弹。汉斯非常细心，还在我们的行李中准备了一只装满水的羊皮袋，再加上我们的水壶，饮用水足够支配一个星期的。

上午九点钟，神甫和他的那位高大壮实的女人已经在门口等候我们，也许是想以主人的身份与我们告别。不过，我没有想到，神甫竟然拿出一张钱数不少的账单，什么都没漏掉，连空气都算了钱，可那空气却是不洁的空气呀！这夫妻俩简直就像是瑞士小客栈的黑心老板，大敲了我们一笔竹杠。

叔叔二话没说，如数照付。一个要去地心的人是不会计较几块银币的。

结完账，汉斯示意出发。于是，我们立刻离开了斯塔比。

第十五章　斯奈菲尔山顶

斯奈菲尔火山高度为五千英尺。它的两座山峰位于由粗面岩构成的海岸的顶端。这条粗面岩石带与冰岛的山地形成了强烈的对照。从我们的出发地，看不到衬托在灰暗天空中的这两座山峰，而只能看到一顶巨大的白雪圆帽扣在巨人的额头上。

我们一个跟着一个地往前行进着。汉斯打头。他在山路上攀登着，山路非常地狭窄，无法两人并肩而行。这么一来，一行人是无法交谈的。

在斯塔比峡谷的玄武岩石壁的另一边，首先看到的是一层由草质纤维性泥炭土构成的土壤，这是半岛沼泽地上古植物的遗迹。这种尚未被开发的燃料的数量之多，足够冰岛全国人口取暖用一百年。如果从某些山谷底部测量起，这片广阔的泥炭层足有七十英尺厚，而且还连续含着好几层被浮石性凝灰岩薄层隔开来的炭化岩屑层。

也许因为自己是里登布洛克教授的亲侄儿，所以我尽管心事重重，但仍然饶有兴趣地观察着展现在这里的所有有关矿物学的新鲜东西。我一边观察，一边脑海里浮现出冰岛的整部地质史来。

这座奇特的岛屿看来是在一个相对较近的时期，从水底上升出来的。也许它现在仍然在不易觉察地继续往上升。果真如此的话，这只能证明这肯定是地下火山活动的结果。那么，亨夫里·戴维的理论、萨克努塞姆的密码信，以及里登布洛克教授的看法，全部将化作乌有了。鉴于这一假设，我认真仔细地观察了地表的性质，很快便弄明白了这个半岛在形成过程中所发生的一些主要现象。

这个岛屿没有一点沉积土，它完全是由火山凝灰岩构成的。这种火山凝灰岩是一种多孔的集块岩。在火山出现之前，这里是一大块绿石，在地球内力的作用下，慢慢地浮出水面。这时，地下火山的岩浆尚未喷发出来。

但是，渐渐地，从岛屿西南到东北出现了一条很宽的裂缝，粗面岩浆便经由它逐渐向外溢出。这一过程是缓慢而平稳的。裂缝很大，岩浆从地心涌出，慢慢地在向四周流去，形成了广阔的平面或者波状的起伏。这一时期便出现了长石、正长岩和斑岩。

由于火山岩浆的漫溢，该岛的地层在逐渐地增厚，抗力也随之得到了增强。但是，溢出的粗面岩浆冷却之后形成一道硬壳，把那条宽大裂缝给封堵上了，内部的岩浆大量聚集，压力越来越大。久而久之，地心的压力达到一定的程度，地壳便逐渐隆起，从而形成了许多的火山管，而火山岩浆则通过这些火山管，冲破岩层，最终在山顶形成了火山口。

这之后，岩浆漫溢现象便为火山爆发取而代之。从新近形成的火山口最初喷发出来的是玄武岩浆，我们此刻穿越的平原就是典型的玄武岩浆所形成的平原。在我们踩踏的这些沉重的深灰色岩石上，玄武岩浆在冷却的过程中变为六边形棱柱。远处则可以看到许许多多的平顶的圆锥形岩石峰，这些山峰从前都是火山的喷发口。

由于有些火山口不再喷发了，所以火山积聚的能量就在不断地增长。当玄武岩浆喷发完了之后，随即就是熔岩、凝灰岩和火山岩渣。它们在火山口的周边留下一条条散射的长痕，宛如一簇一簇的浓密头发。

这就是冰岛在其形成过程中所经历的一系列现象。这些现象均是由地球内部的热量所促成的，谁胆敢说地球内部不是一团炽热的流体的话，那他肯定是个疯子，在胡说八道！如果此人进而还想下到地心去，那他简直是疯到家了，简直是荒唐至极！

因此，当我在往斯奈菲尔火山爬去时，我心里对此次探险的结局已心知肚明了。

路变得越来越难行了。地面更加倾斜；岩石碎片不断地滚落，我们必须加倍小心，以免被这坠落物砸着。

汉斯步伐轻快，如履平地。有时候，他会走到一块巨石背后，我们就看不见他了，他便吹一声尖声口哨，以指引我们前进的方向。他还不时地停下脚步，拾起一些石子，摆放在路上，作为明显的路标，以便我们返回时可以辨识路径。他的这份细心，应该加以称赞，但以后的事实难预料，也许他这纯属是多此一举。

我们艰难地跋涉了三个小时，才走到火山脚下。汉斯以手示意停止前进，匆匆地吃了一顿简单的午饭。叔叔为了增强体力，走得快些，竟然吃了双份。不过，吃饭时间也是休息时间，合二为一，他也只好忍耐着，等了一个小时才上路。汉斯已经吃好歇好，便挥了一下手，带着我们继续赶路。那三个冰岛人同汉斯一个德性，一言不发，而且吃饭也很节制，不多不少，恰到好处。

我们开始往斯奈菲尔火山的斜坡上爬去。身在山中，容易产生错觉，看那积雪的山峰，似乎近在咫尺，可是真的往上爬时，却发现既耗时间又费体力，真可谓“望山跑死马”。山上的石头与泥土或野草互不黏附，人踩上去，便纷纷坠落，似雪崩一般，一直滚落到平原上。

某些地方，山坡与地平线形成的角度竟高达三四十度。这么陡的斜坡是无法爬的，只好艰难地沿着那陡峭的石头路慢慢往上绕。

我们利用所携带的铁棒，相互帮助往上爬。

应该指出，我叔叔一直在尽量地靠近我走，时刻在关注我，多次用他那有力的臂膀给我以支持。而他自己则像是与生俱来地有着一种平衡能力，从来没有跌倒过。那三位冰岛人则是身体矫健，无论身负多少重物，仍健步如飞。

我抬头仰望斯奈菲尔火山那高耸着的山峰，心想我们绝不可能从山的这一侧爬上去的，除非前面的山坡不再像现在这样的陡峭。幸好，艰难地爬了一个小时之后，在覆盖于山腰上的大片积雪中，突然有一条阶梯状小路显现出来，为我们的攀登提供了方便。这是由火山喷发出的岩石流形成的一条道，当地人称之为“斯蒂纳”。如果不是被山坡地形所阻，这条岩石流就会一直冲向大海，形成一个小岛。

这条小路可是帮了我们的大忙了。山坡虽然更加的陡峭，但这条阶梯式小路却方便了我们的攀登，而且使攀爬速度加快，以致前面的人向上爬时，我在后面稍一停顿，就会被撇下老远，而且是越拉越远。

晚上七点钟时，我们已爬完了两千级台阶，站在了一个圆丘上。斯奈菲尔火山的火山锥就耸立在这个圆丘上。

下面的大海离我们有三千二百英尺。我们已经在雪线以上。由于冰岛常年气候湿润，所以这条雪线并不算高。此地天气寒冷，而且风也很大。我已经气喘吁吁、疲惫不堪了。叔叔见我两腿发软，尽管心里急着赶路，仍然决定停下来歇一歇脚。于是，他便以手示意汉斯等一等，可汉斯却摇头说：

“继续上！”

“看来只好继续爬了。”叔叔对我说道。

然后，他便喊问汉斯，为什么不能先歇歇脚。

“密斯都”汉斯回答道。

“是，密斯都!”另一个冰岛人表情带着恐惧地重复了一句。

“什么意思呀?”我焦急地问道。

“你瞧。”叔叔对我说道。

我放眼朝平原望去，只见一道气流柱，夹带着碎浮石、沙子和尘土，像龙卷风一般盘旋升起。这道气流柱被风吹着向斯奈菲尔火山山坡袭击，而我们正好是面对着它。它就像是一块不透明的帘子，把太阳遮挡起来，在山上投下巨大的阴影。当冰川上刮大风时，常常会出现这种现象，冰岛人称它为“密斯都”。

“快跟上！快跟上!”汉斯呼喊着。

我尽管并不懂丹麦语，但看汉斯的表情便知道他是在喊我们快点跟上去。他开始朝着火山锥的后面绕过去，这么绕相对来说容易一些，比较省力。片刻工夫，“密斯都”便吹到了山上。整座山都被它吹得震颤起来。被它卷起的石头如雨点般地飞舞着，好像火山爆发似的。我们刚好是在山坡的背面，没有遇上不测。如果不是向导汉斯的机警，我们难逃粉身碎骨的厄运，定像一颗陨石似的被抛到远方。

汉斯认为在火山锥的斜坡上过夜相当危险，所以我们便继续弯来绕去地往上攀爬。我们花了将近五个小时才爬完剩下的那一千五百英尺。由于道路迂回曲折，弯来绕去，所以我们爬了足足有八英里地。我又冷又饿，加之山上空气稀薄. 我感到憋得厉害，几乎坚持不下去了。

晚上十一点，夜色浓重，我们总算是爬到了斯奈菲尔火山顶。在钻入火山口之前，我看到了“午夜太阳”，它把它那苍白的光亮洒至我脚下的那座沉睡中的岛上。

第十六章　火山口中

我们很快吃完晚饭，然后赶忙想办法尽量地把自己安顿好。此处海拔五千多英尺，地面很硬，歇脚的地方也很危险，所以条件确实很差。但是，夜晚，我却睡得十分酣熟，是这一段时间以来睡得最踏实的一晚，连梦都没有做一个。

第二天醒来时，阳光明媚，天清气朗，但寒风凛冽，几乎把人给吹僵了。我从花岗岩石床上爬起来，去观赏眼前的美妙景色。

我站在斯奈菲尔火山稍稍偏南面的一座山峰顶端，放眼望去，可以看到岛屿的大部分地区。与在其他所有地方登高俯瞰一样，只觉得海岸线似乎有所抬高，而岛屿的中央部分反而在往下陷去。任何人看了，都会说我脚下的是赫尔贝斯麦制作的模型地图。我看到山谷深邃，谷谷相连，纵横交错；悬崖宛如一口口的深井；湖泊像是池塘；河流如同小溪。右边，无数的冰川和山峰绵延不断，有些山峰笼罩在轻烟之中。一眼望不到尽头的群山起伏不定，山顶积雪犹如白色浪花，使人不由得想到波涛汹涌的大海。西边，大海无边，伸向远方，蔚为壮观，仿佛与“白浪滚滚”的山峰波峰相连，肉眼难以分辨何处是陆地尽头，何处是波涛的始端。

我忘情地在高山上领略着这奇妙景色，竟然没觉得头晕目眩，因为我终于习惯了这种令人神迷的登高远眺了。我眼花缭乱地沉浸在一道道透亮的阳光中。我几乎忘了自己是谁，身在何处，仿佛觉得自己就是斯堪的纳维亚神话中的风神、水神和土神。我一时间已把不久即将下到深渊的事忘到了脑后，只顾享受那登高望远的乐趣。叔叔和汉斯也登上了山顶，同我站在一起，使我又回到现实世界中来了。

叔叔朝着西边看去，用手指着一缕水雾气，或者是水面上的一块陆地的模糊轮廓，说道："格陵兰岛。"

"格陵兰岛？"我大声地回应道。

"是呀，我们离它还不到九十英里。冰雪融化时，北极熊会待在浮冰上，漂到冰岛来。不过，这对我们并无妨碍。我们现在是在斯奈菲尔火山顶上，此处有两座山峰，一座在南，一座在北。汉斯会告诉我们冰岛人是怎么称呼我们现在所在的这座山峰的。"

叔叔刚这么一说，汉斯立即回答道："斯卡尔塔里斯峰。"

叔叔很得意地看了我一眼。"走，到火山口去！"他说。

斯奈菲尔火山口就像是一个倒置的圆锥，开口处直径长达一英里多。据我看，它的深度得有两千英尺。不难想象，这么大的一个容器，要是充满了雷电和火焰，将会是个什么情景！圆锥底部周长不会超出五百英尺，因此它的坡度非常平缓，很容易走到下面去。我突然想到，这个火山口就像是一支超大口径的火枪，心里不觉一阵发毛。

"往这支枪的枪口里跑？万一它要是装有弹药，稍一不慎，擦枪走火，那可就完了。"我心里在暗自嘀咕着。

可是，我已没有退路了。汉斯漠然地又走在了一行人的前头，我默然无语地跟着往前。

为了便于往下走，汉斯在圆锥内壁上沿着一条长长的圆弧线往前走着。我们走在喷发出来的岩石中间，有些岩石因洞口受到震动而纷纷滚落进深渊里去，随即传上来一阵非常怪异的闷响。

圆锥内壁有些地方覆盖着冰川，所以汉斯往前走的时候非常小心。他不断地用铁棒敲击地面探路，看看会不会有裂缝。在一些令人起疑的路段，我们不得不用长绳将大家系在一起，连成一条线，万一有谁一脚踩空，其他人可以将他拉上来。这种办法也只是出于谨慎，不可能绝对保险。

这条道汉斯也并不怎么熟悉，不过，尽管行进十分艰险，但所幸并没发生什么意外，只不过有一捆绳索从一个冰岛人手中滑落，直落到深渊底部去了。

时近中午，我们终于走到了目的地。我抬头朝洞口望去，发现洞口是一个非常圆非常圆的洞，透出一片小小的天空。斯卡尔塔里斯峰高耸入云，在这小小的天空中的一个点上清晰地显现出来。

火山口底部有三条火山管，斯奈菲尔火山喷发时，地心中间的大熔炉就是通过它们把熔岩和蒸气喷射出来的，每条火山管的直径约为一百英尺左右，它们在我们的脚下张着大口。我不敢往里面看。而里登布洛克则在忙着尽快地检查它们各自的位置。他气喘吁吁地从一条火山管跑向另一条火山管，指手画脚地嘀嘀咕咕着，谁也听不清他在嘀咕些什么。汉斯及其同伴们坐在岩石上看着他忙活，显然认为他是个疯子。

突然，叔叔发出一声尖叫。我还以为他一脚踏空、掉下深渊了呢！只见他双臂伸展，两腿叉开，直直地站在火山口中央的一块大花岗岩前面。这块花岗岩就像是死神雕像的巨大底座一般。他茫然不知所措地这么伫立着，片刻后，他突然发出一阵欢笑。

“阿克赛尔！阿克赛尔！”叔叔大声呼喊着，“快来！快来！”

我赶忙跑过去。汉斯及其同伴却一动不动地待在原地。

“你看！”叔叔对我说。

我同叔叔一样，也不知是高兴呢还是惊讶。我在岩石西面的那一侧看到了几个卢尼文字母，由于年代久远，有点模糊不清。那几个卢尼文字母拼成的就是那个该诅咒的名字：

“阿尔纳·萨克努塞姆!”叔叔大声说道，“现在你该不会怀疑了吧?”

我没有吭声，神情沮丧，回到刚才歇息的那块熔岩上坐下来。

我自己也说不清我这么沉思了多久，只记得当我抬起头来，看见火山口底部只剩下叔叔和汉斯两个人了。那三个冰岛人已被辞退，正沿着斯奈菲尔火山外侧的山坡往下走，回斯塔比去了。

汉斯在一块岩石脚下的熔岩流里铺了一个简单的床铺，安然地睡着。叔叔则在火山口底部转来转去，犹如一头困兽。我既不想站起来，也没有这个气力，只想像汉斯一样，迷迷糊糊地睡觉。恍惚朦胧中，我觉得山间有声响传来，而且山也有点颤动。

我们就这么在火山口底部待了一夜。

第二天，天空呈铅灰色，阴沉沉的，乌云飘浮在圆锥顶上。我之所以注意到天气，并不是因为洞内一片漆黑，而是因为我发现里登布洛克教授在暴跳如雷。

我知道他为何如此大发雷霆，心中不免又燃起一线希望。

下面的三条火山管中，只有一条是萨克努塞姆走过的。根据这位冰岛学者在密码信中所示，若要知晓从哪一条火山管走下去，就必须知道斯卡尔塔里斯峰在6月底把其阴影投射在哪一条通道的边缘。

事实上，这座山峰可以看作是一个巨形日晷①的指时针，在某一

① 古代一种利用太阳投射的影子来测量时刻的装置。一般是在有刻度的盘的中央装着一根与盘垂直的金属核。晷，guǐ。

特定的日子，这根针的阴影会为人们指出通往地心的道路。

可是，现在太阳没了，这根指时针就没有阴影了，通道也就无法指明了。这一天是6月25日，如果老天继续这么阴沉五天的话，那么，探险只好推迟到明年再说了。

我不想去描述里登布洛克教授面对此情此景的那份又气愤又无奈的样子。又过去了一天，可是火山口底部仍不见有阴影投射下来。汉斯始终躺在他的那个岩石床铺上，如果他稍有点好奇心，一定会问我们为什么老这么干耗着的。叔叔没跟我搭过一句话。他一直在注视着天空，注视着它那灰色阴沉的色调。

26日，太阳仍旧没有露面，整天都在下雹子。汉斯用几块熔岩石搭建了一间小屋。我饶有兴趣地欣赏着成百上千条临时形成的小瀑布在沿着圆锥斜坡飞泻而下，水击在岩石上，发出的声响简直震耳欲聋。

叔叔再也按捺不住了。不要说他那个急脾气，就是换了任何一个再有耐心的人，也会因被这鬼天气弄得功败垂成①而大发其火。

不过，老天并不是光会折腾人，让人沮丧绝望，有时也会让人喜出望外。他让里登布洛克教授在绝望之余，也享受到了一阵喜悦。

第二天，天空仍旧阴沉沉的。可是，到了6月28日，星期日，也就是6月的倒数第三天，月亮有所变化，天气也跟着发生了变化。大量的阳光洒进山口，每个山头，每块岩石，每块石头，每一个粗糙的凹凸不平的表面，都沐浴在这阳光之中。更重要的是，斯卡尔塔里斯峰那尖尖的棱角也出现了，它的阴影与光芒四射的太阳一起在缓缓地移动着。

叔叔一直跟着那影子移动。

中午时分，当影子最短的时候，它便温柔地触及中间的那条火

① 快要成功的时候遭到失败。出自《晋书·谢玄传话》。

山管的洞口了。

“就是这儿!”里登布洛克教授大声叫道,“就是这儿!这就是通向地心之路!”他还用丹麦语补充了这么一句。

“往前走!”汉斯平静地说道。

“往前走!”叔叔也跟着说了一句。

此时是午后一点十三分。

第十七章　真正的探险之旅开始了

真正的探险之旅开始了。在这之前，我们所经历的只是劳累疲乏，而不是什么困难；可从现在开始，每时每刻，每走一步，都会遇上困难。

我对我就要进入的那个深不可测的火山管还没看过一眼，可是，现在就得好好地看看了。此时此刻，我仍然可以决定是否参加这次探险。可是，我又怎能在汉斯面前表现出恐惧来呢？汉斯面对这次异乎寻常的探险，表现出的是镇定自若，毫不在乎，他义无反顾地接受了这一探险行动，面对他的那份勇敢坚强，我能不汗颜吗？如果没有别人，只我一个人的时候，我会找出种种理由，加以推托，可是，面对向导汉斯，我却只能闭口不言。此时，我突然想起了格劳班，于是，我便向中间的那条火山口走了过去。

我前面已经说了，这个火山管的直径有一百英尺，周长有三百英尺。我站在一块突出的岩石上，弯着身子往下看去，立即毛发倒竖，头晕目眩。我觉得自己的重心失衡，恍若醉酒一般，脑袋嗡嗡直响。没有任何东西具有像这个深渊那么大的吸力。我摇晃着，眼看就要掉下去了。突然间，一只手一把抓住了我——是汉斯！看来，

我在哥本哈根的弗莱瑟教堂钟楼上接受的高空晕眩训练根本就没起多大作用。

不过，话又说回来，虽然我只瞅了这个深渊一眼，但对它的结构已经有所了解。它的岩壁几近垂直，上有许多突出岩块，可以作为下去的踩踏点，几乎可以把它们当作梯级，但是却没有手可以抓牢的地方。我们可以把绳子系在通道口，顺着绳索下去。但是，到了底下之后，又如何把绳子解下来呢？

叔叔灵机一动，解决了这个难题。他把一捆拇指粗的、长约四百英尺的绳子解开来，先放下一半绳子，然后在突出的熔岩石上绕上一圈，再把另一半放下去。我们往下去时，同时抓住两股绳子，稳稳当当的。在下到两百英尺处时，便放开绳子的一头，拉绳子的另一头，将它收回来，简直太容易了。我们可以循环往复地这么收收放放，一直下到底部。

“现在，”做完这番准备工作之后，叔叔说道，“我们看看行李物品如何处理。我看，得把它们分成三包，各背一包。我指的是那些容易碎的物品。”

很明显，叔叔没把我们算作易碎物品。

“汉斯，”叔叔接着又说，“你负责工具和一部分食物。阿克赛尔，你负责武器和另一部分食物。精密仪器和剩下的食物由我来负责。”

“那么，”我说道，“衣服、绳梯等物品怎么办？”

“让它们自个儿下去。”

“自个儿下去？”我惊讶地问。

“你一会儿就知道了。”

叔叔凡事都非常果断，从不拖泥带水。他吩咐汉斯将所有不容易碰碎的物品全都集中起来，捆成一包，结结实实的，扔下深渊去。

只听嗖的一声，那包物品急速地往下坠落。叔叔弯腰往下探看，十分满意，直到看不见了才直起腰来。

“好，”叔叔说，“现在该轮到我们下了。”

我敢向任何一位诚实的人保证，听他这么一说，没有不害怕的。

我们三人分别将自己的包裹背在身上，开始依次往下走去。汉斯打头，叔叔紧随其后，我在末尾。我们屏声静气地往下走，几乎不发出一点儿声响，只有岩石碎片坠落下去时，才打破这瘆①人的寂静。

我一手拼命地抓紧两股绳子，另一只手用铁棒支撑着身体。此刻，我脑海中浮现出疑惑来：固定绳子的岩石不会支撑不住吧？我老觉着这绳子无法承受我们三个人及所带物品的重量，所以我尽量少地利用它。我手脚并用，既抓又踩那突出来的熔岩石，使自己保持平衡。

前头的汉斯一发现脚下的石块有所滑动，便会平静地提醒道：

“小心！”

“小心！”叔叔也重复一句。

这么下行了半个小时，我们到了一块深深地嵌入石壁的岩石面上。

汉斯抓住绳子的一头往下拽，绳子的另一头便往上升，越过上面突出的岩石，再滑下来，并且把不少石头和熔岩碎块也顺带着弄掉下来，像雨点、冰雹似的纷纷落下，十分危险。

我站在那窄小的平台上，弯腰探看，仍然看不见渊底。

我们重复使用绳子，半小时之后，又往下走了两百英尺。

我不知道在如此这般往下去的时候，如此热爱地质学的叔叔是否在对周围的地层进行研究，反正我对此是十分漠然的。无论这些地层生成于什么年代，是上新世、中新世、始新世，还是白垩纪、

---

① shèn，使人害怕；可怕。

侏罗纪、二叠纪，抑或是石炭纪、泥盆纪、志留纪，也不论它们是不是原成岩，我都毫无兴趣。但是，我发现我叔叔还真的在观察，而且还做记录。有一次，暂时歇脚时，他对我说道：

“我越往下走，就越有信心。这里的火山地层的排列完全为戴维的理论提供了佐证。我们此刻正在原始地层上。这儿，金属一遇上水和空气就会燃烧，产生化学反应。说实在的，我完全不同意地心存在着热量的说法。这一点我们以后一定会明白的。”

他仍旧坚持他原先的结论，我却没心思再去与他争论了。可是，他却把我的沉默当成了对他的赞同。我们继续往下走。

走了将近三个小时，但仍旧见不到底。头顶的洞口越来越小，火山管的侧壁也在稍稍倾斜，逐渐靠拢。光亮也越来越少了。

我们仍旧往下走。根据从侧壁滑落的小石块发出的声响判断，我感觉到深渊底部已经离得不远了。

我计算了一下我们反复使用绳索的次数，知道我们已经下到很深的地方了，也知道我们已花费了多少时间。

绳索被我们重复地使用了总共十四次，每使用一次是半个小时，因此，我们已经走了七个钟头了。另外，我们还休息过十四次，每次休息都是一刻钟，一共三个半小时。两者相加，应是十个半小时。我们是一点钟出发的，现在该是十一点多了。

绳索长二百英尺，使用了十四次，那么我们深入地下已有两千八百英尺了。

正在这时候，汉斯突然喊了一声：

“停下！”

我立刻停了下来，叔叔这次跟在我身后，他的头差点碰到我的脚。

“怎么？到了？”叔叔问。

“到哪儿呀？”我边问边滑落到他的身旁。

“到垂直的火山管底部了。”

“没有其他出口了?”

“有!我隐约看到有一条通道，是向右倾斜的。明天再说吧，现在先吃饭，然后睡上一觉。”

洞里此刻尚有一点光亮。我们把食物口袋打开来，吃了晚饭。饭后，便赶忙尽可能舒坦地躺在了熔岩和碎石铺就的床上。

我仰躺在那儿，两眼大睁，只见这长达三千英尺的火山管，仿佛是一个巨大的望远镜。在其末端，我发现有个东西在亮着。

那是一颗星星，但却没在闪烁，我估计那是小熊星座的β星。

然后，我便酣然入睡了。

第十八章　海面以下一万英尺

早晨八点，我醒过来，只见一缕阳光照射到火山管壁上的无数熔岩小平面上，如同无数的火星在闪亮，映亮了地面。

借助这点亮光，我们看清了周围的东西。

“我说了吧，阿克赛尔，你现在信不信了啊？”叔叔揉搓着双手大声说道，“你在科尼斯街家中睡得有这么踏实吗？这儿没有车马的喧闹，没有小商小贩的吆喝，没有船夫的诅咒！”

“是呀，地底下确实非常安静，但这种安静有点瘆人。”

“行了，”叔叔大声说道，“别啰唆了，如果你现在就开始害怕了，那以后怎么办？我们还没下到地心一英寸深呢。”

“您这是什么意思？”

“我是说我们才刚刚下到冰岛的地面上。这条垂直通道通往斯奈菲尔火山口，它的底部基本上与海平面持平。”

“真的？”

“肯定没错。你看看气压表。”

果然，我们往下走的时候，一直在逐渐上升的水银柱停在了二十九英寸的刻度上。

“你看,”叔叔接着又说,“这儿才只有一个大气压,我真希望流体气压表能够立刻代替普通的气压表。”

的确,在空气重量超过在海平面测到的大气压时,普通的气压表很快就起不了作用了。

“可是,”我说道,“这种压力的增加会不会让我们忍受不了呀?”

“不会的。我们往下面走的速度非常缓慢,会逐渐地一点点地习惯于在密度更大的空气中呼吸。飞行的人在高空中会感觉空气稀薄,可我们却恰恰相反,会感到空气太多。我倒是更喜欢处于我们的这种情况之下。行了,别耽误工夫了,快点走。我们先前扔下来的包裹在哪儿呀?”

经叔叔这么一提,我方想起我们头一天晚上也找过包裹来着,但未能找到。叔叔又问汉斯;汉斯用他那猎人的目光仔细地查看了一遍后说:

“在上头。”

果然,包裹就落在上面的一块突出的岩石上,离我们头顶有一百多英尺。汉斯说完之后,立即身手敏捷地像猫儿似的蹿了上去,没几分钟工夫,就把包裹给弄下来了。

“现在,”叔叔说道,“该吃早饭了,别忘了,我们还有很长的路要走的。”

我们吃了一点饼干和干肉,喝了几口掺有刺柏子酒的水。

早饭后,叔叔从口袋里掏出一本笔记本,然后,把各种仪器一件件地拿起来,记下了上面的数据:

7月1日,星期一

时间:早晨八点十七分

气压:29P. 7L.

气温：6℃

方向：东南偏东

东南偏东方向是根据罗盘最后测定的，指示我们要进入那条黑暗的通道。

"现在，阿克赛尔，"叔叔颇为激动地说道，"真正的探险之旅就要开始了。"

叔叔边说边一手拿起挂在脖子上的路姆考夫照明灯，另一只手把蛇形灯管通上电，一道强光立刻穿透黑暗的通道。

汉斯也拿起一只照明灯，把它点亮。这种灯实在妙不可言，有了它，我们就可以长时间地在黑暗中行走，即使周围满是易燃气体，也不会造成危险。

"出发！"叔叔大喊一声。

我们随即各自拿起自己的东西。汉斯走在叔叔后面，推着前面的绳索和衣服包，我仍旧殿后。

在进入这条黑暗通道的那一刹那，我猛然抬起头来，通过巨大的火山管，最后瞅了一眼冰岛的天空，心想也许我再也看不到它了。

1229年，这座火山最后一次喷发时，岩浆就是穿过这条通道，一涌而出的。它在通道内壁上涂了一层又厚又亮的东西，灯光照上去会反光，使得通道内更加的亮堂。

沿途最大的麻烦就是容易下滑得太快，因为斜坡的倾斜度约为四十五度。下滑太快，十分危险。幸好有一些凹凸不平的岩石，可以阻挡一下，我们可以利用它们作为台阶。我们仍旧如先前一样，把行李系在长绳上，随行李一起往下滑去。

我们利用来作为台阶的岩壁上的岩石，实际上是钟乳石。有些地方的熔岩上满是细小的孔，又小又圆，像小灯泡一样。不透明的石英水晶夹杂着纯净的玻璃珠，宛如水晶灯一般挂在弯顶上，沿路闪亮，为我们照明。它们就像是守卫通道的精灵似的，特意点亮自己的宫殿，欢迎来自地上的客人们。

“太奇妙了，”我情不自禁地大声说道，“真壮观呀，叔叔！您看那些熔岩层，在由红褐渐渐转为鲜黄！还有那些闪光小球，简直如同水晶一般了。”

“啊！你总算开始专注了，阿克赛尔！”叔叔回答道，“啊，你也看出这很壮观了，孩子。往前走吧，前面还有更加壮观的呢！往前走吧。”

其实，更确切地说，应该是“往下滑”，因为斜坡很大，我们根本不是在走，而是在滑。这真的就像是维吉尔在《下地狱轻而易举》中所描述的一样。我老在看罗盘，它始终在指着东南。这说明这条通道是笔直地在延伸着。

温度并未见升高，这证明了戴维提出的理论是正确的。我经常看温度计，我们下滑都两小时了，但温度只指着十摄氏度，只升高了四摄氏度而已。因此，我觉得我们根本就不像是在垂直地往下走，而是在水平地往前行。要想知道确切的深度，也并非难事。叔叔一直在准确地计算路面的偏角与倾角，只是他始终没把他测得的结果告诉我们。

晚上八点光景，叔叔示意我们停下。汉斯立刻坐了下来。我们将照明灯挂在了突出的岩石上。我感到我们像是待在一个洞穴中，空气并不缺少，反而能感到一丝微风。这是怎么回事？怎么会微风习习呢？我无心去寻求这一问题的答案。我感到又饿又乏，几乎丧失了思维能力。都连续往下走了有七个钟头了，体力消耗实在很大。我真的快要散架了，所以一看到叔叔示意停下，心里可高兴了。汉斯把食物拿了出来，放在一块岩石上，大家美滋滋地吃了起来。可是，我很担心，我们带的水已经消耗了一半。叔叔原以为可以利用地下泉水加以补充的，但到目前为止，我们一直没看到有地下泉水冒出来。我不无担心地提醒叔叔注意这一点。

“你很担心没有泉水?”叔叔说道。

“是呀，我挺着急的。我们剩下的水只够喝五天了!”

“你别担心，阿克赛尔，我敢保证，不愁找不到水的，而且能找到比我们所需要的还要多得多。”

“什么时候才能找到?”

“得等走出这熔岩层。泉水怎么可能从这些岩壁里喷涌而出?”

“可是，我觉得这熔岩层还长着呢，不知何时才是个头。我们可能没有垂直下降多深。”

“你根据什么这么说?”

“如果我们下到地壳内部很深的地方，温度应该比现在的要高很多。”

“这不过是你的理论而已。现在温度计上标明的是多少度?”

“将近十五摄氏度，也就是说，我们开始下滑之后，温度只升高了九摄氏度。”

“那你从中得出什么结论呢?”

“我认为，一般来说，在地球内部，每往下去一百英尺，温度就要上升一摄氏度。不过，也有特殊情况，比如，在西伯利亚的雅库斯特，人们发现每往下走三十六英尺，温度就会上升一摄氏度。这种差异明显是因为岩石的导热性能之不同使然。还有，在死火山附近的片麻岩里，每往下走一百二十五英尺，温度只会上升一摄氏度。我们不妨以最后的这一情况为依据来计算一下。”

“那你就计算吧，孩子。”

“这不难计算的，”我边说边在笔记本上把算式列出来，“一百二十五英尺乘以九等于一千一百二十五英尺深。”

“没错。”

“可是结果呢?”

"结果嘛，我先告诉你一下，据我的观察，我们现在已经到达海平面以下一万英尺的深处了。"

"这不可能！"我惊讶地说。

"怎么不可能！数字就是数字，不会有错的。"叔叔胸有成竹地说道。

叔叔的观察是不会有错的。我们已经比人类所能到达的最深处，比如提罗尔①的基茨布里尔矿区和波希米亚②的维尔腾堡矿区，还要深上六千英尺了。

按道理，我们所处的深度的温度应该是八十一摄氏度才对，可它却只有将近十五摄氏度。这真是个值得思考的问题。

---

① 东阿尔卑斯山地区名，19世纪时，先后被奥地利帝国、法兰西帝国的附庸国意大利王国占领。1867年后成为奥匈帝国的皇家领地。

② 又译为波西米亚，波西米亚王国在神圣罗马帝国解散之前一直是其一部分；1867年成为奥匈帝国的一部分。

第十九章 “必须实行配给了”

第二天，6 月 30 日，星期二，上午六点，我们又开始继续往下走去。

我们仍旧沿着熔岩通道往下。这是个真正的天然斜坡，如同老式房屋做楼梯用的斜木板一样的平缓。汉斯打头，走得飞快，我们直到十二点十七分才追上刚刚停下来的这位向导。

“啊!”叔叔大声说道，“我们已经到了火山管的尽头了。”

我四下里看了看。我们面前是两条道的交叉口，这两条道一样的黑一样的窄，都在向着远方延伸而去。到底往哪边走呢？我们一下子犯起愁来。

叔叔不想让我和汉斯看到他在犹豫，便指着东边的坑道说往那边走，于是，我们便钻入那条坑道里去了。

说实在的，两条道摆在面前，没有任何标志可以看出应该走哪一条，所以再犹豫也没有用，只好碰运气了。

这条坑道不像是太倾斜，不过，每一段又各不相同。有时，我们会遇上一个个的拱门，犹如走进哥特式教堂的后殿。中世纪的建筑师可以在此研究各种形式的尖顶式建筑。再往前行一英里，我们会碰到一些罗曼风格的扁圆拱洞，必须低头弯腰才能过得去，那些插入石壁的巨大石柱在拱底石的重压之下已经弯曲了。还有一些地方，这种情景则为一些低矮的结构所替代，如同河狸的杰作，我们只能爬行，否则无法穿过这些狭窄的小道。

温度仍旧可以忍耐，并不太高。我禁不住想，当时，斯奈菲尔火山爆发的时候，岩浆沿着这条现已十分宁静的通道哗哗流动，这儿的温度该高达多少度啊！我还想到，这股汹涌的熔岩流在坑道的四角喷发出来的可怕情景，以及在这狭窄空间里炽热蒸气的那巨大的压力！

“万一，”我心有余悸地寻思，“这座沉寂了多年的火山，再一次心血来潮，突然爆发，那可如何是好？”

我把自己的这些思想活动埋在了心间，没有告诉叔叔；告诉他，他也不会理解的。他只有一个念头：继续向前。他心中怀着坚定的信念，永不回头。

傍晚六时，一天下来，往南走了有五英里，并不算太累，不过，深度却只往下了四分之一英里。

叔叔示意大家休息，吃晚饭。吃饭的时候，我们全都没怎么说话，也没有多加思索，不一会儿，就躺下睡了。

宿夜的装备非常简单，我们都裹着旅行用毯，和衣而睡。这儿既不冷也不热，这样睡冻不着。而且，这里也不像非洲沙漠或新大陆的森林，没有野人或猛兽，无须轮流守夜。

早晨醒来，神清气爽，精神焕发。我们又踏上了征途。同头一天一样，仍旧沿着熔岩坑道往前走着。可是这回却并不是往下去，坑道并非通往地心，而是水平地延伸。而且，我还觉得它在微微地往上去。到了十点钟，坑道往上延伸的情况已十分明显，我已感到在爬坡，非常吃力，只好放慢步子。

“怎么了，阿克赛尔？”叔叔颇不耐烦地问我。

“嗯，我觉得挺累的。”

“什么？才走了三个小时，走的又是平地，就累了！”

“路可能是很平坦，可却非常累人。”

“累人？你可是在往下走啊！”

“我看不然，是在往上！”

“往上？”叔叔不屑地耸了耸肩膀说。

“没错，是往上。半个小时前，斜坡就有所变化了。如果继续这么走下去，我们就又回到冰岛的地面上了。”

里登布洛克教授不屑一顾地摇了摇头。我还想往下说，但他却不予理会，让我们继续往前走。我知道，他是在强压着怒火，所以才没有说话。

我二话没说，立刻背起自己的行李，紧紧地追着汉斯而去；汉斯已经落在我叔叔的后面了。我快步紧迫，生怕自己落得太远，独自一人，深陷迷宫，那后果就不堪设想了。

不过，尽管上坡道走起来吃力，但一想到它将把我们带上地面，心里不免感到十分踏实。我心里正抱着这份希望，而且，每走一步，都证实了我的想法没错。我一想到很快就要与亲爱的格劳班重逢了，心里便美滋滋的。

中午时分，熔岩壁的情况有所变化，它所反射出的照明灯光已越来越暗了。它已不再是熔岩层，而变成了裸露着的岩石层。这岩石层呈倾斜状，而且常常是垂直排列。我们到达的是地质上的过渡时期——志留纪①。

“很明显，”我大声说道，“这些板岩、石灰岩和砂岩都是在二叠

---

① 志留纪（Silurian Period）是早古生代的最后一个纪，也是古生代第三个纪。最早由日本学者根据“silu”与“siru”相似的发音译为日文汉字“志留”，中文延用此译名。

纪时由于水的沉积而形成的。我们明显地已经离开了花岗岩石壁。我们如同一些汉堡人似的，明明要去卢卑克①，偏偏却往汉诺威②走。”

我本不该把这些话脱口而出的，可是我也算是个地质学家嘛，地质学家的脾气不允许我谨小慎微，把话藏在心里。

“怎么了？”叔叔听见了我说的，很不耐烦地问我。

“您瞧。”我指着那些砂岩、石灰岩和板岩地层的最初标记回答道。

“那怎么了？”

“我们所在的这个地方，是植物和动物初次出现时期的岩石层。”

“哦，你这么认为？”

“您自己看呀！您自己观察、判断吧。”

我让叔叔举起照明灯对着坑道石壁来回地照。我以为他会突然顿悟，大叫一声，可是他却一声未吭，继续往前走。

他这究竟是怎么回事呀？是碍于学者和叔叔的双重身份，放不下架子呢，还是决心要对这条坑道探个彻底？很明显，我们已经离开了熔岩通道，而这条道根本不会把我们引向斯奈菲尔火山的核心部位去的。

不过，我对自己的看法也发生了动摇。我是不是弄错了，把地层的变化看得太重要了？难道我们现在所走过的岩石层真的仅是覆盖在花岗岩石壁上的一层表层吗？

“如果我的看法没有错的话，”我心里琢磨，“就应该能找到一些原始植物的碎片，让事实来说话！”

我走了还没有一百步，便发现了毋庸置疑的证据：在志留纪，

---

① 又译为吕贝克，位于汉堡北面。

② 位于汉堡的南面。

海水中生活着一千五百多种动植物。我的两只脚本已习惯于踩踏在坚硬的熔岩地面上，可现在我却踩到了一堆植物和贝壳类动物的遗骸碎片上。石壁上墨角藻和石松的痕迹十分清晰。里登布洛克教授不会没看见这些明显的证据的，可是他仍旧迈着均匀的步伐在往前走，故意装作没有看见。

他这么固执己见也太过分了。我再也按捺不住了。我在地上捡起一只保持得十分完好的甲壳，它曾属于一种与现今的鼠妇①相似的动物。我拿着它赶到叔叔面前说：

“您看，叔叔。”

“这个呀，”他不动声色地说道，“这只是三叶虫纲中已经绝迹了的一目甲壳动物的外壳而已。”

“难道不能由此推论出……”

“推论出与你一样的结论？我完全赞同你的结论，我们已经走出了花岗岩层和熔岩喷发的那段通道。我也许确实是选错了道，但是，我必须走到坑道尽头才能最后确定我真的是错了。”

“您说得对，叔叔。不过，我倒是很想赞同您的这一做法，只是我们却遇到一个越来越严重的威胁。”

“什么威胁？”

“缺水的威胁。”

“那么，从现在起，我们就限量饮水，阿克赛尔。”

① 又名鼠负，是甲壳纲等足目潮虫亚目潮虫科鼠妇属动物的俗称。

第二十章　死胡同

我们确确实实得限定饮水量了。吃晚饭时，我得知我们的饮用水只够维持三天的。尤其堪忧的是，我们几乎无法在这过渡时期的地层里寻找到水源。

第二天，我们所走的坑道中一整天遇到的全都是拱门。我们全都在默默地走，好像汉斯的沉默寡言传染给了大家。

这条道倒是没有往上升，至少看不出来它在上升，有时甚至还显得有点在往下倾斜，只是倾斜得并不厉害。叔叔并没因为这种情况而放心，因为地层的性质并没有改变，而过渡期的特征却显得愈加明显。

照明灯的光亮把石壁上的板岩、石灰岩和古老的红砂岩照得闪闪发亮。我们恍若身在德文郡①的露天坑道之中。泥盆纪就是以德文郡这种古老的红砂石地层命名的。岩壁表面常常可见一层美丽的大

① 英国地名，位于英格兰西南，英吉利海峡和布里斯托湾之间。该郡的泥盆纪地层最早得到研究，故外文中的“Devon”一词也可解释为“泥盆纪”。

理石覆盖着，有的呈玛瑙灰色，并且带有参差而鲜明的白色纹理，有的呈鲜红色，有的是黄色中夹杂着一片片的粉红色，远处还有一些是深色的红纹大理石，里面的石灰岩色彩十分鲜艳。

这些大理石多数带有原始动物的痕迹。从前一天起，我就看到一些造物有了明显进步，不再是简单的三叶虫，而是一些结构更加完善的动物残骸，比如硬鳞鱼以及古生物学家认为是最早出现的爬行动物的蜥蜴龙等。在德文郡的海中，栖息着大量的这类动物，它们后来都沉淀于新生代时期的岩石上了。

显然，我们是在沿着动物演变过程往上走，而人却是这些动物中的最高级的一类。可是，里登布洛克教授似乎对此并不关心。

他也许是在期待，或者遇上一条垂直坑道，使他能继续往下去，或者前行受阻，只好返回，然而，天色已晚，他的期待仍然未能见到结果。

当天晚上，我便开始感到有点口渴得厉害。第二天，星期五，我们一行三人又赶忙上路了。

十个小时之后，我观察到岩壁上反射的灯光在大幅减少。石壁上的大理石、板岩、石灰岩和砂岩渐渐地被一种黯然无光的岩层所替代了。

在坑道的一个狭窄的地方，我身子靠着左边的岩壁。我把手收回来时，发现自己的手竟然被弄得黑乎乎的。我仔细地观察了一下四周：全是煤！

“这儿是个大煤矿！”我大呼一声。

“一个没人下过的煤矿。”叔叔回答道。

“咳！那谁知道呀？”

“我知道，”叔叔语气急促地说，“我敢断定，这条穿越煤层的通道并非人工挖成的。不过，这一点并不重要。该吃晚饭了，我们先吃饭吧。”

汉斯拿出一些食物来。我只勉勉强强地吃了点，把分配给我的定额饮用水喝了。汉斯的壶里还剩半壶水，这就是我们所能饮用的全部的水了。

晚饭后，叔叔和汉斯便钻进了各自的被子里去了，以睡眠消除疲劳。可我却怎么也睡不着，心里默数着数，一直熬到天亮。

星期六，早晨六点，我们又启程了。走了将近二十分钟的样子，我们看到了一个很大很大的洞穴。显然，这个洞穴绝非人工挖就的，否则洞穴的穹顶就会有柱子支撑着了，可实际上，支撑着穹顶的却是一种神奇的平衡力。

该洞穴有一百英尺宽，一百五十英尺高。其下的土地因剧烈的地下震动而裂了开来。土块在巨大的推力下，四分五裂，留下了这个阔大的空间。我们是地球上第一批下到此处者。

在洞穴里那黑乎乎的石壁上，可以观察出石炭纪的全部历史，地质学家可以毫不费力地看出其不同时期的特征。煤床被沙石或细密的页岩分开，仿佛受到上层岩层的重压。

这个时期比中生代早。当时，由于炎热和不断袭来的潮气的关系，地球上存在着许多巨型植物。但是，在地球周围有一个水蒸气层，把太阳的光线全部吸收掉了。

由此看来，地球上的高温并不是源自太阳这个新生的巨大火炉。说不定当时这颗恒星尚未做好发光发热的准备。在那一时期，地球上尚无所谓的气候，在两极同在赤道一样，都是一片酷热。那么，这种热量源自何处呢？无疑是发自地球的内部。

与里登布洛克教授的理论相反，地球内部蕴藏着大量的热能，它的作用力一直达到地壳的最外层。植物因无阳光照射，既不开花也无香味，然而它们的根却深扎在炽热的地层里，拼命地汲取生命能量。

树木很少，但草本植物不少，而且草地、蕨类、石松和封印木却遍布各处，望不到边。这些植物属于稀有植物，现今都不算太多，可在当时，却是成千上万地生长着。

煤的形成就赖之于这些植物。当时的地壳具有伸缩性，由于地球内部液体的流动，形成了许许多多的沟隙和凹陷。植物大面积地被淹没在水下，逐渐沉淀，变成泥炭，然后，由于发酵而完全矿化，因而形成了巨大的煤层。

但是，工业国对之毫不知爱惜，大加开采，说不定用不了三百年，这些煤层便会被采尽、耗光。

我在继续往前走着，一边思索，一边继续观察这一部分地层的丰富煤矿藏。也许永远也不会有人来开采它们，因为开采这些深层煤层并非易事，代价昂贵。何况许多地壳都蕴藏着大量的煤，何必舍近求远，弃易近难，非要跑到这儿来开采呢？所以我在想，这些煤层势必永远保持原样，直到世界末日。

我们继续往前走着。一行三人中，只有我因沉浸在对这些地质状况的思考之中，忘掉了道路的漫长。气温与我们穿越熔岩和板岩的路段时一样，没有什么变化。可是，我显然嗅到了一股原始碳氢化合物的气味。我立刻意识到，坑道里存在着大量的被矿工称之为瓦斯的危险气体，万一发生爆炸，后果不堪设想。

幸好，我们没用火把照明，这真得感谢路姆考夫的伟大发明，否则，瓦斯一遇明火，便会立刻爆炸，不但此次探险之旅宣告结束，而且探险者也一命呜呼了。

我们一直到傍晚都穿行在这个煤层坑道中。叔叔在尽量克制着水平延伸的道路给他带来的焦躁不安。周围一片漆黑，二十步开外就什么也看不清了，所以根本就无法估计坑道到底有多长，何处是尽头。我开始觉得这条坑道将会是无限长的了。六点光景，突然间，前面出现一片石壁挡住了去路，而且上下左右都未见有通道。我们已经到了死胡同的尽头。

“很好,”叔叔大声说道,“我至少知道该怎么办了。我们并没走在萨克努塞姆所走的道上,只能返回了。先休息一晚,明天往回返,三天内就可回到那两条坑道交叉的地方了。”

“是呀!”我说道,“只要我们还有力气的话。”

“怎么会没有力气呢?”

“因为明天我们就没饮用水了。”

“因此就该丧失勇气吗?”叔叔狠狠地瞪了我一眼说。

我没敢再吭声。

第二十一章　渴得难受

第二天一大早我们便踏上了返程。必须抓紧时间，因为距离两条坑道交叉的地方说不定得走上三五天。

我不想老去描述往回走所受的罪。叔叔知道自己领错了道，心里既气又恨。汉斯仍一如既往，平静地走着。我嘛，应该实话实说，我一直感到沮丧恼火，振作不起来。

正如我所预料，走完第一天的行程，饮用水就告罄①了，只剩下刺柏子酒了。可这是一种烈性酒，喝着烧灼喉咙，我看着它都觉得不寒而栗。我觉得热气升腾，气温很高，令人窒息，简直是举步维艰。我不止一次几乎晕倒，差点失去知觉。于是，叔叔和汉斯只好停下休息，尽量地安慰我，给我鼓劲儿。但我也同样看到，我叔叔也在勉为其难地强忍着疲乏与口渴的折磨。

7 月 7 日，星期二，我们手脚并用，半死不活地爬到了那两条坑道的交叉口。我完全像是一堆无生命的东西，瘫在熔岩地上。这时已是上午十点钟了。

---

① 指财物用完或货物售完。罄，qìng。

汉斯和叔叔倚靠着石壁，想咀嚼点饼干。我的嘴唇已经肿胀得厉害。我不断发出呻吟声，突然间不省人事了。

叔叔见了，立刻挪到我的身边，把我抱住，满含怜惜地说：

“可怜的孩子！”

我从未见过叔叔这么温柔体贴地说过话，所以隐隐约约地听到后，不禁感动不已。我抓住叔叔那颤抖的双手，叔叔没有挣开，只是眼睛湿润地注视着我。我看见他拿起背在身上的水壶，出乎意料地将水壶凑到我的唇边，说道：“你喝吧。”

我是不是听错了？叔叔是不是疯了？我怔怔地看着他，颇觉疑惑。

“你喝吧。”叔叔重复了一句。他边说边举起水壶，把壶里的甘露全部倒到我的嘴里。

啊，多么甘甜的水啊！这口水顿时浸润了我那火烧火辣的喉咙。尽管只是一口水，但却把我从鬼门关召唤回来了。

我紧抓住叔叔的手，连连道谢。

“是呀，”叔叔说，“一口活命水！最后的一口，唯一的一口了！我一直留着，没敢饮用。我一再地抵御那要把它喝掉的强烈诱惑。知道吗，阿克赛尔，我这是专门替你留着的。”

“叔叔。”我嗫嚅着，眼里的泪水不禁流了出来。

“唉，我可怜的孩子，我知道往回走到两条坑道交叉口时，你会疲乏口渴得瘫倒的，所以才留着这口水救你。”

“谢谢叔叔，谢谢叔叔。”我一再说道。

尽管只是一口水，杯水车薪①，但我毕竟恢复了点气力。一直紧绷着的喉咙上的肌肉，总算松弛了点，嘴唇的烧灼感也减轻了点，而且可以说出话来了。

---

① 用一杯水去救一车着了火的柴，比喻无济于事。出自《孟子·告子上》。

"我看，"我说道，"我们现在只有一条路了：没有水，只好返回。"

我在这么说的时候，叔叔低着头，不看我，尽量避开我的目光。

"必须回去，"我提高嗓门儿说道，"回到斯奈菲尔火山的那条路上去。愿上帝赐予我们力量，让我们能够回到火山口去！"

"回去！"叔叔大声说道。他像是在回答自己，而不是在回答我。

"对，赶快回去，一分钟也别耽搁。"

大家沉默了相当长的一段时间。

"这么说，阿克赛尔，"叔叔语气怪怪地说道，"那口水并没有让你恢复勇气和力量吗？"

"勇气？"

"我看你仍和先前一样丧失了勇气，泄气了。"

我这是在同一个什么样的人在一起呀？他脑子里又在考虑什么大胆的计划了？

"您的意思是不是说不想回去呀？"我不禁问他道。

"我刚刚看到了胜利的曙光，我是决不回去的。"

"那么我们只有死路一条了。"

"不，阿克赛尔，不！你得回去，我不想让你死在这里。汉斯将陪你回去，我独自留下来。"

"我不想撇下您。"

"你别管我了，你快快离开吧。我已经开始了探险之旅，就得把这个旅程走完，不走完决不回去。你回去吧，阿克赛尔。走吧。"叔叔说这番话时，情绪非常激动。他的声音曾经柔和了一阵，现在却又变得生硬而严厉了，"我把这个坑道的构造仔细地观察研究了一番。它一直往下伸展，很快就能带我们走到花岗岩层，到了那儿，就应该有大量的泉水。这是岩石性质所决定的，我的直觉和事物的逻辑都将证明我的想法是正确的。我跟你讲讲哥伦布吧。哥伦布的船员们染上疾患，充满了恐惧，但哥伦布仍要求船员们再给他三天的时间去寻找新大陆，船员们应允了，结果，哥伦布大功告成，发现了新大陆。我就是今天地下的哥伦布，我只要求你再给我一天的时间。如果过了这一天，仍然找不到所必需的饮用水的话，我向你保证，我们立即返回地面。”

我虽然十分恼火，但仍不禁被叔叔的这番话及其坚毅的精神所感动。

“那好吧，”我大声说道，“但愿天从人愿，但愿上帝不负您这个具有超凡毅力的人。不过，您只有几个小时可以碰碰运气了，咱们走吧。”

第二十二章　仍旧没有水

我们立即沿着另一条坑道往下走去。汉斯打头，叔叔随其后，边走边用照明灯在石壁上照着观察。走了还不到一百步，叔叔突然喊道：

“这些是原始岩石！我们走对了！快走！”

地球在诞生的初始阶段，逐渐冷却的过程中，体积在渐渐变小，从而造成地壳的错层、断裂、收缩和裂隙。我们现在所走的这条坑道就是这样形成的，它是从前火山爆发时花岗岩浆的喷射通道。这条原始通道的成百上千个转折形成了一座错综复杂的迷宫。

我们越往下走，就越清晰地看到构成原始地层的一系列曲线。地质学将这种原始地层视作矿物层的基础，并且认为它是由板岩、片麻岩和云母片岩构成的。这三种不同的岩石层在一种非常坚固的岩石上，这种岩石就是花岗岩。

从未有过任何一位矿物学家能有幸来到这么美妙的环境中，对自然进行实地观察研究。再完善再强大的探测器也无法把所有有关地球内部结构的情况传到地面上来，可我们几个人却能亲眼看到它，亲手摸到它。

在漂亮的、微绿的板岩层中，有一些发光的矿脉蜿蜒曲折地伸展着。叔叔在与那无法办到的事情进行拼搏。我不忍心把他一个人撇在这个深渊里，尽管我那求生的本能在促使着我离开他。

向导汉斯仍旧一如既往地平静地看着我们叔侄争论。他从我们两人说话的表情和手势就知道我们在争些什么，但他好像对这个也关乎他的生死存亡的问题漠不关心。他只等着听候其雇主的命令，让他走就走，让他留他则留。

如果他能听懂我的话就好了。我就可以用我的话语、我的叹息、我的语气打动他这个冷漠的人。他像是尚未意识到我们的处境有多么危险，但我是能让他感觉到，让他弄明白的。我和他联起手来，也许就能让冥顽不化的里登布洛克幡然悔悟的。必要时，我们甚至可以采取非常手段逼他就范，强逼他回到斯奈菲尔火山口去。

我挪近汉斯，把手按在他的手上。他动都没动一下，好像没有反应似的。我指给他看上方的火山口，我气喘吁吁，面带痛苦表情。可他对此无动于衷，不为我所动，只是摇了摇头，极其平静地指了指叔叔说道：

“主人。”

“主人？”我大声地说道，“你疯了！他无权主宰你的生命！我们必须逃回去！必须把他也拉回去！你懂不懂呀？你明白不明白呀？”

我抓住汉斯的胳膊，想迫使他站起来。我俩争执着。这时，叔叔插话了：

“行了，阿克赛尔，冷静点吧。你是无法从这个对一切事情都无所谓的向导那儿得到什么的。你还是听听我说的吧。”

我搂抱住双臂，看着叔叔。

“我们实行自己的计划的唯一困难就在于缺少饮用水，”叔叔说道，“东边的这条坑道是由熔岩、板岩和煤层组成的，我们在里面没能找到水。如果我们往西面的这条坑道走，也许就会有幸找到水。”

我摇着头，一脸的不信任。

“你听我说完，”叔叔提高了点嗓门儿继续说道，“你在这儿一动不动地躺着的是铜、锰以及微量的黄金、白金矿脉。我在想，无论人类有多么贪婪，也都甭想找到埋藏在地球深处的这些宝藏。由于地球早期的变动，它们被埋得很深很深，用锄头或十字镐都没法把它们挖出来。”

随后，我们观察到的是层状结构的片麻岩，它们与水成岩几乎相仿，岩床平行整齐。再往下去，便可见到云母片岩，呈薄片形状排列，闪闪发亮。

照明灯光照射到岩石的小平面后反射回来，彼此向各个方向折射着，看得人眼花缭乱。

晚上六点光景，这个光的聚会明显地在减弱，近乎终止。岩壁呈现出一种昏暗的水晶色调。云母更加紧密地混杂在长石和石英当中，形成一种特别坚硬的岩石，在承受着地球四个地层的重压，但却并未被压垮。我们仿佛是被禁闭在一座巨型花岗岩监狱里。

晚上八点了，但仍未见到水，我真的是难受至极。叔叔仍在前面走着，不想停下脚步，心里只想着早点听到淙淙的泉水声。但是，他什么也没听见！

我的两条腿已经拖不动我的身子了。为了不影响叔叔，我只好咬着牙，强忍着。如果我不坚持住，叔叔会陷于绝望的，因为这是他最后盼望着的一天。

我终于扛不住了，失声大叫一声，随即晕倒了：

“救命呀！我不行了！”

叔叔听见我的呼救，立即折返身来。他双臂搂抱着，注视着我，随即瓮声瓮气地说：

“完了！”

我最后看了一眼他那愤怒的手势，接着就闭上了眼睛。

当我重新睁开眼睛的时候，我看到叔叔和汉斯二人全都钻在被子里，一动不动。他们睡着了？我可是一点也睡不着。我心里好生难过，尤其是一想到自己病了，不知是不是能好，更加不是滋味。叔叔所说的那句“完了！”仍在我的耳边回响着。我如此虚弱，肯定没法回到地面上去了。

地壳有将近四英里厚！我觉得这一大块重物就压在自己的身上，沉重至极，简直让我透不过气来。就连在花岗岩石床上翻个身，都得花费很大的力气。

几个小时过去了。死一般的沉寂笼罩着我们。这儿的石壁最薄的也得有五英里厚，根本听不到石壁另一面发出的声响。

可是，昏昏沉沉中，我却仿佛听见了什么动静。坑道里漆黑一片，我睁大着双眼，拼命地看着，隐隐约约看见冰岛向导汉斯拿着一盏灯走了。

他为什么走呀？他想撇下我们？叔叔仍在睡着。我想喊叫，可是喉咙发干，嘴唇干裂，喊不出声来。四周愈发地黑了，现在什么声音都没有了。

“汉斯把我们撇下了！汉斯！汉斯！”我在心中无声地呼喊着，除了我自己而外，没人听得见。然而，最初的一阵恐惧过去之后，我不禁感到羞愧难当。到目前为止，汉斯的行为举止，可以说是无可挑剔。他并没有往上走，而是在往下走去。如果他想撇下我们，以求自保的话，那他应该是往上走呀！这么一想，我心里踏实了许多。随即，我便开始寻思汉斯一向镇定自若，为什么睡得好好的会爬起来，其中必有原因。他是不是发现了什么？是不是在夜深静谧之中听到了什么我并未听到的细微的声响？

第二十三章　汉斯真棒

我处于昏昏沉沉、朦朦胧胧之中，但却一直在琢磨这个沉默寡言的汉斯到底在干什么。我足足寻思了一个钟头。我脑海中浮现出各种各样的荒谬想法。我想我可能是快要发疯了！

我终于听到深邃的坑道里传来一阵脚步声响：汉斯回来了。他拿着的照明灯的光亮摇曳不定地照在石壁上，然后从坑道的洞口照射出来。

汉斯终于出现了。他走到叔叔身边，用手轻轻地摇晃叔叔的肩膀。叔叔被摇醒，坐起身来。

"什么事？"叔叔问道。

"水。"汉斯用丹麦语回答道。

说实在的，人在身处险境，沮丧绝望之时，从别人的嘴形、表情就能听懂对方说的是什么。我虽然一个丹麦语单词都不会，但凭着直觉，我猜出了他说的是什么。

"水！水！"我边拍手边叫，像个疯子似的。

"水！"叔叔重复了一遍，然后转向汉斯问道，"在哪儿？"

"下面。"汉斯回答道。

“在哪儿?”

“下面!”

他俩的对话我全听懂了。我一下子把汉斯的手用力握住，而他只是静静地看着我。

我们起身做准备，立刻在坑道里继续向前走。每往前走三英尺，坑道就会往下倾斜一英尺。

走了一个钟头，我们已经走了六千英尺，下降了两千英尺。

正在这时，我清晰地听到一种声响从侧面的花岗岩壁传来，有点像是远处的雷鸣。然而，往前又走了半个小时，我仍旧没有看见汉斯所说的泉水，因此我又不免焦虑起来。叔叔便让我先别着急，说那确实是水声。

“汉斯没有弄错，”叔叔说道，“你现在所听到的正是水流的声响。”

“那就是说，这附近有一条地下河!”我高兴地回应道。

看到了希望，劲头就上来了，我们立刻加快了脚步。我已不再觉得疲劳了。这淙淙的流水声让我清醒，振奋，劲头十足。水声越来越大。它刚才一直在我们头顶上方流着，现在已在左面石壁中奔腾咆哮了。我老用手去摸石壁，希望岩石上能摸到点水迹或湿气。可是什么也没摸着。

我们又走了半个钟头，走了一英里半。

很明显，汉斯刚才离开我们独自去寻水源，顶多也就走到这儿。凭着一个山里人、一个渴望寻到水源的人的直觉，他透过石壁，“感觉”到了有水在岩壁中流淌。但可以肯定，他并没看到这珍贵的流水，没有喝到这个甘露。

过了一会儿，我们发现，越往前走，水流的声音反而越来越弱了。

我们当机立断，立即折返回来。汉斯在离水流最近的地方停下了脚步。

我靠着岩壁坐了下来，倾听着大约两英尺远处的水在湍急地流。唉，这该死的花岗岩石壁把我们与甘泉隔了开来！

我想不出有什么办法可以搞到这些水，不禁又开始陷入无奈和绝望之中。

汉斯看着我，我仿佛看到他嘴边浮起了一丝微笑。

他站起来，拿起照明灯。我跟在他的后面，朝着石壁走去。走到上面的石壁旁边，我看见他耳朵贴近岩石，慢慢地移动着，仔细地倾听着，不用说，他是在寻找哪儿的水声最响。最后，他终于发现在离地三英尺高的左侧壁上水声最响。

我兴奋至极！高兴得忘了去想汉斯下一步该怎么干。可是，当我看见他举起镐来，准备往岩石上凿时，立刻明白他想怎么做了，于是我跑过去拥抱他，为他鼓掌。

"有救了！有救了！"我激动地喊。

"对，有救了！"叔叔也大声地喊道，"汉斯没有弄错！啊，汉斯真棒！我还真没想到这个办法！"

叔叔说得对。尽管汉斯的办法非常简单，可我们就是想不出来。用镐去凿地球的骨架，这可是危险之举！万一塌方，我们就全被埋在里面了！湍急的水流穿过岩壁，喷涌而出，我们也难逃被淹死的厄运！但是，无论是塌方还是水淹，都无法阻止我们：我们实在是太渴了，为了解渴求生，我们甚至都敢把大西洋给挖穿！

汉斯动手凿了起来。这个活儿只有他适合去干，我和叔叔都不适合干，因为我们都太急不可耐了，恨不得一镐下去，就把岩壁凿穿。汉斯在有板有眼地一镐一镐地凿着，渐渐地在岩壁上凿出一个约有六英寸宽的口子。只听见水流的声音在加大，我甚至觉得嘴唇已经被这甘露给润湿了。

没多久，汉斯已经往花岗岩石壁里面凿进去有两英尺了。他这么连续不停地凿了有一个多钟头。我在一旁看着，心里火急火燎的。叔叔也等不及了，准备也拿起镐来去凿，我都没能拦住他。正在这时候，突然听见一阵尖锐的叫声：裂口中喷出一股水柱，直射到对面的岩壁上。

汉斯差点儿被这股水柱冲倒，但他已经被水柱击中，疼得他大叫一声。当我把手伸到水柱里，我也啊了一声，原来那水很烫！

“这是沸水！”我嚷道。

“嗯，它会冷却的。”叔叔回答道。

坑道中蒸气弥漫，地面上流出一条小溪流，并蜿蜒流淌，消失到地下深处去了。没过多久，沸水冷却下来，我们喝了第一口甘泉。

啊！真甜啊！好畅快啊！这是什么水？源自何处？管它呢，虽然水有点热，但毕竟喝了之后，挽救了我们垂死的生命。我不停地猛喝，忘了再去品尝它的味道了。

我尽情地不停地喝了足足有一分钟，然后我大声喊道：

“水里含有铁质！”

“这可强身健体，”叔叔说道，“这水矿化程度很高，我们等于去斯巴①或托朴里茨②旅行了。”

“啊，太棒了！”

“的确如此，这是源自地下五英里深处的水，有点墨水味儿，但并不严重。这股甘泉水是汉斯为我们寻找到的。因此，我建议以汉斯的名字来命名这条有益健康的小溪。”

“太好了！”我赞同道。

“汉斯小溪”立即诞生了。

---

① 比利时小镇，位于阿登山区，以含有丰富铁质和碳酸氢盐的矿泉水而闻名。

② 又译为托普利茨，据说位于萨尔斯堡湖区内，有富含矿物盐的湖泊。

汉斯并未因此而沾沾自喜，扬扬自得。他适可而止地喝了些水之后，便像平时一样安静地倚在一个角落里。

“我看，我们不能让这水就这么白白地流掉了。”我说道。

“怕什么？这股泉水不会枯竭的。”叔叔说道。

“我们不如先把我们的水壶灌满，然后把裂口堵上。”我提议道。

我的提议被接受了。汉斯用花岗岩碎块和扯乱的麻绳堵裂口，但未能奏效。水很烫，水压又大，怎么堵也堵不住。

“从水柱的冲力来看，这条地下河的水面肯定位于很高的地方。”我分析说。

“这是肯定的，”叔叔也说，“这水柱约有三万二千英尺高，那么，它的压力恐怕有一千个大气压。不过，我倒有一个想法。”

“什么想法？”

“我们干吗非要将裂口堵上呢？”

“因为……”我说不出个所以然来。

“等我们水壶又喝光了之后，你敢保证还有机会把它们灌满吗？”叔叔问我。

“当然没机会了。”我回答道。

“那就让它这么流好了。它会往下流去，正好替我们又指路又解渴呀！”

“您想得太对了，”我欢叫道，“有了这条小溪流，我们的探险计划肯定能完成的。”

“啊，你总算开窍了，我的孩子。”叔叔高兴地说。

“其实我早就开窍了。”

“我们先别忙着走，还是先休息几个小时再说。”

第二十四章　海下

我真的已经忘了现在已是夜晚了，是计时器提醒了我。我们随即吃过晚饭，美美地躺下睡去。

第二天，我们已经完全忘记先前的艰难困苦了。一觉醒来，我颇为惊诧，怎么不口干舌燥了？先还左思右想，等听到脚下的溪流潺潺，这才回过味来。

我吃完早饭，又喝了既清纯可口又富含铁质的水，觉得浑身是劲儿，精神十分振奋，决心走得更远。有叔叔这么个矢志不移的人，又有汉斯这个聪明能干的向导，再加上我这么个如此“坚决”的侄儿，还有什么难以实现的计划呢？我满脑子是这些美好的想法，那是必定成功的希望。如果有谁此刻向我提出回到斯奈菲尔火山顶上去，我会非常不客气地斥责他一顿的。

值得庆幸的是，我们是在往下走。

“我们走吧！”我叫嚷道。我满怀激情的声音在这古老的地球内部回荡着。

星期四，上午八点，我们又出发了。曲里拐弯的花岗岩坑道经常让人拐来拐去，如同走在迷宫中一样。不过，总的来说，它一直是伸向东南方的。叔叔始终在注意手中的罗盘，以了解我们前进的方向。

坑道差不多是在水平地向前延伸着，每前行六英尺，顶多下降两英寸。小溪在静静地缓慢流淌着。我把它看作是引导我们穿越地球的亲密的精灵。我不时地伸出手去轻抚那温情的溪水，听着它那淙淙的声响。我往前轻快地走着。

叔叔一心想着往地心去，所以不停地诅咒着这水平的坑道。按叔叔的话来说，这坑道并不是顺着地球的引力线垂直往下去，而是像直角三角形的斜坡一样在往下伸。但我们别无他途，只有顺着它走，只要是往地心去，不管有多慢，也不要紧的。

可是，有的时候，斜坡会突然间变陡，小溪便哗哗的直往下泻，我们也随着下到更深的地方去了。

总的来说，这一天和第二天，我们多数走的是水平坑道，下降得不算太多。

7月10日，星期五晚上，我们估计应该是到了离雷克雅未克东南七十五英里的六点二五英里深的地下。这时，我们脚下出现了一个颇似深井的坡道。叔叔赶忙测量了一下它的倾斜度，不禁拍手大笑。

“哈哈！这斜坡可以顺利地把我们带到很远很远的地方去，”他兴奋地大声说道，“我们可以踩着它的突岩下去。”

汉斯很快把绳索弄好。我们开始往下走去。我觉得这并不危险，因为我已经习惯了这种下行方法。

这条倾斜大坑道实际上是巨型岩石上的一条狭窄的裂缝，可以称之为地质上的“断层”，显然是因为地球在冷却过程中收缩而形成的。虽然它曾是斯奈菲尔火山喷发时熔浆流的通道，可我不明白，怎么一点喷发物的痕迹也没有呀？我们正在沿着往下走的是一个状如螺旋形楼梯的坑道，它简直如同人工斧凿出来的。

每往下走一刻钟，我们便停下来休息片刻，让腿上那紧绷着的肌肉松弛一下。这时候，我们便往突岩上一坐，腿脚悬着，边吃东西边聊天，还有甜美的溪水可以喝。

当然，在这断层地带，“汉斯小溪”变成了细流，但仍然足够我们饮用的了。不过，一旦到了坡度平缓的地方，它便又从涓涓细流一变而成为真正的小溪了。这条小溪湍急流淌时，便让我想起叔叔那急躁多怒的火暴脾气来，而在平缓路段，它则让我想到我们那生性平静的冰岛向导汉斯。

7 月 11 日和 12 日，我们沿着断层的螺旋形道路往下走着。我们又往下走了五英里。我们已经到了海平面以下十二点五英里的深处了。可是，到了 13 日的中午，坡度又呈平缓之势，呈四十五度角向东南延伸。

路面变得平坦，倒是好走多了，只是不免过于单调。但这也正常，总不能盼着沿途景色千变万化，移步换景吧。

15 日，星期三，我们已下到十七点五英里处了，此地与斯奈菲尔火山山顶相距有一百二十五英里。尽管觉得有点累，但我们身体还都不错，连药箱都没动用过。

叔叔每隔一个小时就要把罗盘、计时器、气压表和温度计上的数据记下来。后来，他在发表有关此次地心探险的科学报告时，都把这些数据包括进去了。当他根据各种数据告诉我，我们现今已经水平地走了有一百二十五英里时，我不禁失色惊叫起来。

“你怎么了？”叔叔问我。

“没什么，我只是想到了一件事。”

“什么事，孩子？”

“如果您的计算无误的话，我们已经不在冰岛的下面了。”

“你这么认为？”

“是的，用圆规尺一量就知道了。”

我用圆规尺在地图上量了一下后说：

“我说对了。我们已经越过了波特兰海角，往东南方一百二十五英里的大海的底下。”

“在大海底下。”叔叔高兴地揉搓着双手说道。

“是的，”我大声说道，“大西洋就在我们头顶上方！”

“啊，阿克赛尔呀，这很正常嘛。纽卡斯尔①不也是有很多的煤矿延伸到海底很远很远的地方嘛。”

叔叔对此并不惊讶自有他的道理，可我不行，一想到自己竟然走在海洋下方，总不免有点害怕。不过，话说回来，只要花岗岩石壁坚固，无论我们头顶上方是冰岛的平原、高山，还是大西洋汹涌的波涛，那又何妨！何况，尽管坑道忽弯忽直，忽陡忽缓，但总是在朝着东南方向延伸着，并在不断地往下去。我们在不停地走向深处，所以头顶上是什么已经不足为惧了。

四天之后，7 月 18 日，星期六晚上，我们走到一个很大的洞穴中。叔叔按照约定，把每星期三个银币的薪酬付给了汉斯，然后，决定第二天休整。

---

① 英格兰东北一座产煤的城市。

第二十五章　休整一日

星期天早晨醒来时，没有像往常那样赶忙收拾，准备出发。即使是身在地球深处，休息一日，心情也同样是一种放假的愉快的感觉。再说，我对这种穴居生活也已习惯了，几乎已经不再去管什么斗转星移，什么树林、房屋、城镇以及地面上为俗人所必需的但却是不必要的东西。

我们所在的这个洞穴好像一个大厅。小溪仍旧孜孜不倦地在花岗岩地面上潺潺地流淌着。从源头流了这么长一段距离，到了这里，它的水温已经与其周围环境的温度一致了，因此，喝起来就更不困难了。

吃完早饭之后，里登布洛克教授打算花上一个小时来整理自己的日记。

“首先，”他说道，“我要计算一下我们目前所在的位置；回去时，我将为我们的旅程画一张路线图，一张垂直剖面图，把我们的行程标在图上。”

“这肯定很有意义，叔叔，可是，您的观察能否保证精确无误呢？”

“当然能。我把所有的角度和斜坡都认真仔细地记下来了。我敢保证不会出错的。现在，先来看看我们目前所在的位置。把罗盘拿出来，看看是什么方位。”

我仔细地看了一下，回答道：

“东南偏东。”

“嗯，”叔叔记下了我说的方位，然后迅速地计算了一下说，“从出发点到现在，我们走了有两百一十二点五英里了。”

“那么，我们是到了大西洋底下了？”

“没错。”

“也许现在洋面上正是狂风暴雨，恶浪滔天，没准儿我们头顶上方有船只被吹得颠簸摇晃，苦不堪言呢！”

“这很有可能。”

“也许鲸鱼正在用它的尾巴在拍击我们这座‘监狱’的墙壁呢！”

“你就放心好了，阿克赛尔，鲸鱼是撼动不了这洞穴的墙壁的。好，我们继续往下算。我们是在斯奈菲尔火山东南两百一十二点五英里的地下，据我所做的记录，我们现在是在地下四十英里深处。”

“四十英里哪！”我惊呼道。

“没错。”

“根据科学理论，这可是地壳厚度的极限了。”

“是这个情况。”

“按照温度上升的规律，这儿的温度应该是一千五百摄氏度了。”

“对呀，本应该是这么高的，孩子。”

“那样的话，这儿的花岗岩石就不该是固体状了，都被熔化了。”

“可是，你想，花岗岩石全都好好的，并没有熔化，事实再次推翻了这种理论。”

“我无法不同意，但我仍很惊讶。”

“你看看温度计，是多少度？”

“二十七点六摄氏度。”

“可科学家们都多算了一千四百七十二点四摄氏度。可见，所谓地球温度是随着深度而增高的说法是错误的。所以亨夫里·戴维是对的，我相信了他的理论。你还有什么异议吗？”

“没有了。”

其实，我心里憋着一肚子的话想说。我怎么也不同意亨夫里·戴维的理论。尽管我并未感觉到地心的热量，但我始终坚持一定存在着地心热。事实上。要说是这座死火山的火山管被熔岩覆盖着，而熔岩上有一层隔热物质，阻碍着热量透过岩壁传出来，这我就同意了。

不过，若无新的论据，我现在只好接受眼前的现实，不去与叔叔争辩。

“叔叔，”我说道，“我同意您的计算的正确性，但我想提出一个严格的推论。”

“你说说看，孩子。”

“根据冰岛的纬度，在我们所在的这个位置，地球的半径应该是三千九百五十七点五英里左右，对不？”

“是三千九百五十八点二五英里。”

“凑个整数，就算四千英里吧。在全程四千英里的探险之旅中，我们已经走了四十英里了。”

“没错。”

“而我们水平地走了有两百一十二点五英里，对吗？”

“对。”

“大约走了有二十天了？”

“对。”

“四十英里只是地球半径的百分之一。如果照这样走下去，必须花上两千天，也就是五年半左右的时间才能到达目的地。”

里登布洛克教授没有应答。

“另外，如果下降四十英里就必须走两百一十二点五英里的水平距离的话，那就必须朝着东南方向水平地走上两万英里，如此看来，在到达地心之前，我们早已走出地球去了。”

“你这是什么乱七八糟的假设，”叔叔有些恼火了，“你的这种假设讨厌至极！根据是什么？谁告诉过你这条通道不能直达地心了？再说，我们也不是始作俑者，在我们之前不是有人这么做了吗？他能成功，我们怎么就不能成功呢？”

“但愿如此，不过，我毕竟有权……”

“如果你仍旧这么胡思乱想的话，阿克赛尔，那你就只有权保持沉默了。”

见叔叔真的动气了，我就乖乖地没再吭声，保持沉默了。

“现在，你看一下气压表指了多少？”叔叔继续说道。

“压力很大。”我看了后回答道。

“嗯。你看到没有，我们在慢慢下降的同时，逐渐地习惯了空气的密度，没有一点难受的感觉。”

“是的，不过耳朵有点疼。”

“这没关系的，你只需加快呼吸节奏，耳朵就不疼了。”

“嗯，”我不想再惹他生气了，便这么回答他道，“置身于这么高密度的空气当中，我甚至觉得是一种享受。您发现没有，这儿的声音似乎传播起来更加响亮。”

“没错，就是聋子到了这里，也能听得见声音的。”

“空气的密度还将继续增大的吧？”

“是的，不过，还无法确定它增大的幅度。现在只能确定，越往下去，重力会越小。你知道，物体在地球表面的时候，受重力的影响很大，而到了地球的中心，就没有重量了。”

“这我知道，可是，由于压力的增强，空气的密度最后会不会与水的密度一样了？”

“这很有可能。当空气达到七百一十个大气压时，就可能会出现这种情况。”

“如果再往下去呢？”

“那空气的密度就还会增大的。”

“这么一来，我们岂不浮了起来，怎么再往下呀？”

“我们可以在衣服口袋里装满石头嘛。”

“叔叔，您可真是有办法。”

我不敢再继续这么假设下去了，不然的话，准会有什么问题问得叔叔答不上来，必然把他惹火。

不过，很明显，当空气处于几千个大气压下时，它肯定要变成固体的，即使我们的身体再好，再能扛，也只好停止前进了，也不必再去做什么推论了。

我并没有把我的这一假设说出来，否则叔叔又会拿那位永垂不朽的伟人萨克努塞姆做挡箭牌，对我加以驳斥。其实，这位前辈的例子没什么意义，因为就算他真的进行了这次探险之旅，那也不难驳斥他的。在十六世纪，无论是普通气压表还是流体气压表，都还没有面世，萨克努塞姆根据什么断定自己已经到达地心了呢？

但是，我并没有把自己的这一想法说出来，只是等着瞧，看看会发生什么情况。

这一天余下的时间，我们是在计算和聊天中度过的。我在与叔叔交谈时，总是对他说的话表示赞同。我打心眼儿里羡慕汉斯竟然能不动声色，始终平静如常，从不考虑因果关系，命运让他往哪儿去，他就盲目地往哪儿走，不闻不问。

第二十六章　只剩我一人

应该实话实说，到目前为止，一切都还比较顺利，没什么可抱怨的。如果不再遇上什么大的困难，我们就一定能到达地心。那将是多么光彩，多么荣耀的事啊！我甚至开始与里登布洛克教授谈论起这方面的问题来。说实在的，我怎么会有这么大的变化？是不是因为所处的环境使然？也许是吧。

有好几天，我们所走的坡路陡得厉害，简直令人望而生畏。这些陡直的坡路把我们带往很深的地方。有时候，我们可以一天之内向地心深入三英里半至五英里。

在这可怕的往下走的过程中，汉斯的聪颖和冷静帮了我们很大的忙。他表面上很漠然，但头脑却十分灵活，善于开动脑筋想办法，使我们克服了一个又一个的几乎无法克服的困难。

然而，他却一天一天地变得更加少言寡语，我甚至觉得我们也受到了他的感染，也变得很少说话了。环境对人确实会产生很大的影响。如果一个人成天被关在一间屋子里，四面只能见到墙壁，那他将会丧失思维和语言能力。所以，不少囚徒，长期拘押，不去思维，后来就变疯或变傻了。

在我同叔叔交谈后的半个月里，没有什么可以值得写上一笔的。倒是有一件事挺重要，使我完全有理由记住它。

8月7日，我们在不断地往地下深处走去，终于走到了地下七十五英里深处。也就是说，在我们的头顶上方，有七十五英里的岩石、海水、陆地和城市存在着。此时，我们离冰岛已有五百英里了。

这一天，坑道的坡度不是很陡。我走在头里。叔叔提着一盏路姆考夫照明灯，我也提着一盏。我在仔细地观察着花岗岩石层的情况。

当我突然转过身来时，却发现只剩下我一个人了！“嗯，”我寻思，“一定是我在前面走得太快了，或者是叔叔和汉斯在什么地方停下了。我得往回返，去找他们。幸好，路还不算太陡。”

我开始在往回走。但是，走了有一刻钟，看看四周，仍不见人影。我大声呼喊，也未见回应，只听见自己的呼喊声的回音在洞穴中渐渐消失。

这下子，我开始紧张了，身子有点发抖。“要镇静，千万别慌，”我对自己说，“一定能找到他们。这儿只有一条道，而且我又是走在前头，只要往回走，就会碰上他们。”

我往回走了有半个钟头。我边走边竖起耳朵倾听，看看有没有呼唤我的声音。这儿空气密度大，声音可以传得很远，有人呼喊，我一定能听得见，可是，这长长的坑道里，非常静谧。

于是，我便停了下来。我不相信这儿只有我一个人。我宁愿走错路径，也不愿迷了路，因为走错路可以改正过来。

“不该有问题的，”我自言自语地说，“这儿就一条道，他俩也是走的这条道，那我肯定会碰上他们的。我只要继续往回走就行了。除非他们忘了我是在前头走的，以为我仍旧在殿后，而返回去找我，那就麻烦了。可是，即使如此，只要我加快步伐，仍然可以追上他们。肯定能追上！”

我重复了最后的那句话，以便为自己壮胆，增强信心。

可是，我随即又开始怀疑起来。我在想，我肯定是走在前头的吗？肯定是的，我清楚地记得汉斯跟在我后面，叔叔殿后。我甚至还回想起来，汉斯还停下来，紧了紧肩上的行李。我记得他这么做的时候，我好像仍旧在继续往前走，没有停下。

“另外，”我还在寻思，“我有一个忠实的‘向导’——那条小溪。在这座迷宫里，小溪如同一根连续伸展的线，在指引着我前进。我只需沿着小溪往回走，就一定能找到我的两个同伴的。”

这么一想，我立刻转忧为喜，精神为之一振，决定赶快继续往回走，一刻也不能耽误。

此刻，我打心眼儿里感激我叔叔，是他阻止汉斯把花岗岩石壁上的裂口堵住的。这救星似的小溪，先是为我们解了渴，救了命，此刻又在指引着我穿过蜿蜒曲折的坑道，去寻找我的同伴们。

在继续往回走之前，我应该捧起溪水洗洗脸，因为这对我有百利而无一害。我甚至应该把头埋进溪流，好好地浸一浸。

可是，当我把头伸进小溪时，我一下子惊呆了，脚下只是干硬而粗糙的花岗岩，哪儿有潺潺流淌的“汉斯小溪”啊！

第二十七章　迷路了

这一惊非同小可，我一下子便陷入了沮丧绝望之中，简直没有什么言辞可以细致地描述我的心境。我将在饥渴的煎熬之下孤独地死在这条坑道中，如同被活埋了一般。

我本能地伸出滚烫的手去触摸地面：多么干硬的岩石呀！

我到底是何时何地，又是怎样离开小溪的呢？很显然，现在小溪并不在这儿。我这才明白，我在最后一次停下来倾听是否有同伴的声音传过来时，四周为何那么静寂了。看来，我在一开始误入歧路时就没有发现“汉斯小溪”已经不见了。当时我肯定是走到了一处岔道口，“汉斯小溪”则沿着另一个斜坡流去，同伴们也跟着它向地心走去了。

现在如何是好？怎么才能找到他们？花岗岩上不可能留下足迹的。我绞尽脑汁在想办法，可却想不出来：我迷路了！

是的，我迷路了，在这深不可测的地下迷路了。这七十五英里的厚重地壳沉甸甸地压在我的心头，我承受不住了，我快要被压死了！

我企图回想地面上的一些事，我费了很大的劲儿才想起来。在我那惊惧惶恐的回忆中，汉堡、科尼斯街的房屋、我可怜的格劳班以及那整个世界——我就是在它下面迷路的——全都浮现出来。我眼前还闪现出一幅幅的幻象，这次探险之旅中的种种情况也闪现出来：渡海、冰岛、弗立德里克森先生、斯奈菲尔火山！我心中暗想，就我目前的处境而言，仍存有一线生还希望的话，那我肯定是疯了。我还是别再心存幻想了，听天由命吧。

有谁能有如此巨大的神力，劈开压在我头顶上方的巨大穹顶，救我回到地面上去呢？有谁能为我指引一条正确的路径，让我得以与我的同伴们重相见啊？

“啊，叔叔呀！”我绝望地发出一声呼喊。

这是我唯一可以说的责备他的话，因为我知道，他也一定是急得不得了，想方设法地在找我，他肯定也非常痛苦。

当我感到没人能够救我，自己也想不出有什么办法来自救时，我想到了上帝。我回想起我的童年、我的母亲。母亲留给我的回忆只是她给我的慈爱的吻。我开始祈祷。上帝也许不会答应我的请求，因为我这是临时抱佛脚，但我也管不了那么多了，反正以虔诚的心去祈祷就是了。

祈祷完之后，我的情绪开始慢慢地稳定下来，能够集中起精神来考虑自己眼下的处境了。

我的食物可以够我吃三天的，而且水壶也是满满的。但是，我绝不可以独自一人这么继续待下去。那么，我是该往上走呢还是往下走？

当然应该返回去，往上走！一直往上走！

我必须回到那该死的岔道口，回到溪流处。找到小溪，它就可以把我引向斯奈菲尔火山顶上。

我一开始怎么就没有想到这一点呢？这可是我唯一的一线希望。眼下，最关键的问题就是找到“汉斯小溪”。

我站起身来，拄着铁棒，朝着坑道上方走去。斜坡很陡，但我满怀着生的希望，毅然决然地走着。其实，我心里十分清楚，我别无选择，只有往回走。

就这么走了半个钟头，倒也没有碰到什么太大的麻烦。我本想通过坑道的形状、突出的岩石和地面的起伏来辨别路径，可是我却记不起有什么特殊的记号来。很快，我便发现，这条道不可能把我引向那该死的岔道口：它是一条死胡同。我撞到一堵无法逾越的石壁，倒在了岩石地上。

我当时心里有多悲哀多恐惧，真的描述不出来。我陷于绝望之中，人都崩溃了，我最后的一点希望也被这堵花岗岩壁粉碎了！这是一座迷宫，小路曲折，纵横交错，根本逃不出去。我肯定会死得很惨！这时，我脑海中突然冒出一个怪诞的想法：将来有一天，我那已变成化石的遗体，在地底七十五英里深处偶然被人发现，一定会在科学界引起巨大的轰动。我想大声说话，可是干燥的嘴里只发出点嘶哑的喉音。我只好待在那儿喘粗气。

在这痛苦难熬的时刻，又有一个新的恐惧攫住了我：照明灯摔在地上，破裂了。我没有工具，无法修理，只得任由它的光亮逐渐地变暗，直至熄灭。

眼看着灯光在蛇形灯管里变得越来越暗，各种各样的影子动弹着闪现在灰暗的石壁上，我的心不由得一阵紧缩，眼睛死盯着那微弱的亮光，生怕它完全熄灭了。我感觉到它每时每刻都在变弱，黑暗也逐渐漫上我的全身。

最后，剩下的一丝亮光在灯管里颤了一下。我两眼直勾勾地盯着它，把我全部的注意力都集中在它上面，仿佛这是我最后所能感受到的一丝亮光，直至它完全熄灭，我陷入深沉的黑暗之中。

我恐惧地大吼了一声。在地面上，即使是在伸手不见五指的地方，也不可能像在这坑道中那样没有丝毫的光线；即使光线再微弱，再细微，人的眼睛总还是能隐隐约约地感受到的。可是在这深渊之中，我已完全变成了一个货真价实的盲人。

我几乎要发疯了。我伸开双臂，艰难地摸索着往前走。忽然，我放开腿跑起来，在这迷宫中奔逃。我像穴居人一样地喊叫，怒吼，不时地撞上突出的岩石，摔倒在地，然后爬起来，抹去流出的血，接着再跑，我时刻做好头撞到岩石上的准备，头破血流地死去！

我如此这般疯也似的奔逃，到底能逃到何处去？我无法知晓。这么奔逃了几个小时，我已经浑身无力，快散架了。终于，我像死人似的瘫倒在地，不省人事！

第二十八章　模模糊糊的声音

当我苏醒过来时，发现自己的脸上沾满了泪水。我搞不清楚自己到底昏迷了多长时间，因为我已失去了时间概念。世上没有人会像我这么孤独无助。

我流了很多血，我觉得自己倒在了血泊之中。唉！我好遗憾，竟然没能眼睛一闭就死了。现在倒好，还得受这等煎熬！我不愿再去思前想后。我把所有的念头都从脑海中逐了出去。我浑身疼得打滚，滚到了对面的岩壁下。

我觉得自己又昏了过去，彻底地绝望了。但是，正在这个时候，却听到一个很响亮的声音在我耳边回荡，仿佛是一串雷鸣，渐渐地消失在深渊的远方。这是什么声音？它来自何方？一定是地底下发生着什么变化，气体爆炸或岩石层塌陷！

我仍旧倾听着，盼着这个响亮的声音再次传来。一刻钟过去了，但坑道内仍旧寂寥无声，静得甚至都能听见自己的心跳。

忽然，我不经意地贴在石壁上的耳朵似乎听见有人说话的声音。它是那么模糊，遥远，难以捕捉。我浑身猛地一颤。

“这是幻觉。”我心中暗想。但是，仔细再听，并非幻觉，确确实实是喃喃的话语声。由于我浑身无力，过于虚弱，听不清那声音在说些什么。但我可以肯定的是，有人在说话。

可我忽然又担心是自己自言自语的回声。或许我神思恍惚，不自觉地叫唤过。于是，我闭上嘴，又把耳朵贴在石壁上。

“没错，是有人在说话!”

我又把耳朵在石壁上往前移了移，那声音就更加清楚了。它飘忽不定，既奇怪又难懂，仿佛有个人压低了嗓门儿在悄悄地低声细语。我多次听到其中有“迷路”一词，而且语气满含哀怜。

怎么回事？是谁在说话？显然，可以肯定，不是叔叔就是汉斯。既然我能听见他们说话，那么他们也一定能听到我的。于是，我便拼足力气，尽力地呼喊：“救命呀！救命!”

然后，我便侧耳细听，希望黑暗中能传来一声回答、一声呼喊，或一声叹息。但是，什么也没有。几分钟过去了，我的脑海中浮现出各种各样的念头来。但我却在想，一定是我的喊声太轻太低，传不到我的同伴那里。

“一定是他俩，”我想，“在这地下七十五英里的深处，不会有其他的人的!”

我继续听。我的耳朵贴在石壁上来回地移动着，终于找到一个声音传得最响的地方。我又一次地听到了“迷路”这个词，接着就是一阵曾把我从昏迷之中唤醒的那种雷鸣。

“不，”我寻思，“这声音绝不是从石壁那边传过来的，再响的声音也无法穿透花岗岩石壁，声音是从这条坑道传过来的！这应该是某种特殊的声源效应。”

我继续听着，而这一回，我真真切切地听到了我的名字。

是我叔叔在呼喊！他是在同汉斯说话，“迷路”一词是用丹麦语说的！这下子我全明白了。我必须靠着石壁呼喊，他们才会听见，石壁如同点线导电一样把我的声音传过去。

赶快行动，分秒必争！如果叔叔他们往远处走，可能就听不见声音了。于是，我又贴近石壁，尽量清晰的大声地呼喊道：

“里登布洛克叔叔！”

我已焦急难耐，心烦意乱。声音传得并不快，周围空气密度高，只能增加声音的强度，而不能增加它传播的速度。又过了几秒钟，可这几秒钟简直长似几个世纪。最后，我终于听到了呼喊声：

“阿克赛尔！阿克赛尔！是你吗？”

“是的！是的！”我回答道。

“可怜的孩子，你在哪儿？”

“我迷路了，这儿漆黑一片！”

“照明灯呢？”

“灭了！”

“小溪呢？”

“不见了！”

“阿克赛尔，可怜的孩子，别着急！别惊慌！打起精神来！”

“先等一等，让我歇一歇！我喊累了！没力气了！”

“你别急，别急，”叔叔说道，“你别说话，听我说。我们在坑道里上上下下来来回回地找你，怎么也没找到。啊，我急得流了多少眼泪啊，我的孩子！然后我们又以为你是沿着小溪走的，就一边往下去，一边鸣枪发信号。现在，虽然我们相互间可以听到声音，但那只是一种声源现象，手却无法相互触到。不过，你千万别着急，阿克赛尔，能相互听见声音就不用害怕了，就有办法了！”

此刻，我心中又浮现出一线希望的光芒。我立刻想到，必须先弄清一个十分重要的问题，于是，我便把嘴贴近石壁喊道：“叔叔！”

“哎，孩子！”间隔片刻，叔叔的声音传了过来。

“我们先要搞清楚我们相隔有多远！”

“这不难。”叔叔回答道。

“您带着计时器了吗?”我问叔叔。

“带着呢。”叔叔回答。

“您拿出来。您叫我的名字，并注意确切的时间，我一听到您的声音就重复一遍，您再看清我回答的时间。”我说道。

“好的，把我喊你前的时间除以二，就是声音传播的时间。”

“是的，叔叔。”

“你准备好了吗?”叔叔问。

“准备好了。”

“好，注意，我开始喊了。”

我把耳朵紧贴在石壁上，听到我的名字后，我立即回答一声“阿克赛尔”，然后静静地等候着。

“四十秒，”叔叔说，“也就是说，我的喊声传到你那儿需要二十秒钟。声音每秒传播速度为一千零二十英尺，因此，我们相隔有两万零四百英尺，不到四英里。”

“四英里哪!”我嘟囔了一句。

“别担心，阿克赛尔，这点距离算不了什么!”

“那我该往上还是往下呀?”

“往下!你知道为什么吗?我们现在隔着一个巨大的洞穴，这儿有许多条坑道。你就顺着你现在所在的那条坑道走，一定能走到我们这里，因为所有这些坑道都是围绕着我们所在的这个巨大洞穴呈辐射状向外延伸的。现在，你赶快站起来，往前走，越快越好，就是拖着脚步也得咬紧牙关走。遇到陡峭的斜坡就往下滑，我们会在坑道尽头等着你。开始行动吧，孩子，快一点儿!”

叔叔的这番话使我的精神为之一振。

“再见，叔叔，我要走了。”我大声喊着，“离开这儿，就彼此听不见了。再见!”

“再见，阿克赛尔!”这是我听到的最后几个字。

这场在地球深处，相隔约四英里的惊人对话，在充满希望之中结束了。我在对上帝祈祷，感谢。在这深深的黑暗之中，是上帝给了我光明，给了我希望，把我引向叔叔他们所在的地方。

这件令人惊讶的声学现象可以通过物理学原理加以解释。它是由坑道的形状和岩石的传导性所决定的。声音在媒介空间里不为人察觉，但实际上它却是在传播的。像这样的例子并不鲜见。我记得，类似的现象在很多地方都出现过，比如伦敦圣保罗教堂的内廊，特别是西西里岛上锡拉库扎①附近的那些似洞穴般的石牢。在这些石牢中所出现的最为奇妙的传声现象，被称之为“德尼②的耳朵”。

一想到这些情况，我就知道，叔叔的声音能传到我这边，说明我们之间不会有任何障碍物阻挡。只要我体力够，只要我沿着声音传播的路线走，我就能走到叔叔身边。

我顿时站起身来。可我并不是在走，简直就是在挪动脚步。斜坡陡峭，我顺势滑了下去。很快，我下滑的速度在加快，快得让人害怕，恍若在往下坠落一般。我根本就停不下来。

突然，我一脚踩空，只感到自己是从笔直的坑道往下坠，头撞到一块尖岩石，顿时便失去了知觉。

---

① 位于西西里岛东海岸，是古希腊科学家阿基米德的故乡。该城古迹甚多，石牢即为其中之一。

② 前430—前367，锡拉库扎的暴君。

第二十九章　终于脱险

等我苏醒过来的时候，发现四周半明半暗，自己躺在厚厚的毯子上。叔叔注视着我的脸，观察我脸上浮现出的一丝生命迹象。我苏醒时叹了口气，叔叔一把抓住我的手。等我把眼睛睁开来时，他禁不住高兴地叫喊了起来：

“他还活着！他还活着！”

“嗯。”我虚弱无力地回应道。

“我的好孩子，你总算是得救了。”叔叔把我紧紧地搂在怀里说。

叔叔那激动不已的语气及其深切的爱让我非常感动。他通常是很少流露出儿女情长的。

汉斯也走了过来。他见叔叔搂着我，看得出来，他的眼睛也在闪烁着激动的光芒。

“你好。”他对我说道。

“你好，汉斯，”我轻声回答了汉斯之后，又转向叔叔，“叔叔，我们现在是在哪里呀?”

“嗯，你先别急，明天再告诉你，阿克赛尔，你太虚弱了。我用纱布包住了你头上的伤口，不要去动它。好好地睡上一觉，好孩子，明天你什么都会知道的。”

“但您至少应该告诉我现在几点了？几号呀？”

“现在是晚上十一点，今天是8月9日，星期天。在10日早晨之前，我不许你再提任何问题了。”

我确实是虚弱得很，眼睛不由自主地就闭了起来。我需要好好地休息一晚。于是，我一边想着自己已孤单一人度过了长长的四天，一边就迷迷糊糊地睡着了。

翌日醒来时，我睁开眼睛四下里看了看。我躺在厚厚的旅行毯上，睡在一个很舒服可人的石洞里。洞内长满了美丽的钟乳石，洞内地面上铺着一层细沙。没有火把，也没有照明灯，但洞内不算黑，半明半暗的。洞外有一道奇特的光亮像是从狭小的洞口照射进来。我还听到有一种模模糊糊、分辨不清的声音，像是浪涛拍打沙滩的声响，还夹杂着萧萧风声。

我搞不清自己是仍在睡梦中呢还是真的已经醒了。我怀疑自己因头部受伤，产生幻觉，所以才会听到这种声音。不，我的眼睛和耳朵没有出错。

“这的确是从岩石缝中射进来的光，”我心中在想，“我也真的听见了风声和涛声。我们是不是已经回到地面上来了？叔叔是不是放弃了这次探险之旅了？”

这些无法解答的问题萦绕在我的心头。正好，这时候叔叔走进洞里来。

“早啊，阿克赛尔！”叔叔愉快地在问候我，“我敢打赌，你感觉很好。”

“是挺好。”我边回答边坐起身来。

“你昨晚睡得很好。汉斯和我轮流地照顾你。你恢复得很快。”

“嗯，我真的恢复了。您若不信，您让我吃早饭，我一定大口大口地吃的。”

“马上就给你吃早饭，我的孩子。你的烧已经退了。汉斯在你的伤口上涂了一种不知是什么药膏，反正是他们冰岛人的秘方，你的伤口便很快地愈合了。他可真是个能人！”

说话间，叔叔已经替我准备好了早餐。我不管三七二十一地狼吞虎咽起来。与此同时，我把心中的疑问向他提了出来，他一一作了解答。

我得知，天缘巧合，我当时那一跤摔下去，却把我摔到了近乎垂直的坑道的尽头。与我一起往下坠落的还有一股岩石流。这岩石流并没有压着我，反而顺势将浑身是血、昏迷不醒的我一直送到了叔叔的身边。

“说实在的，你竟能活下来，简直是一大奇迹。”叔叔对我说道，“愿上帝保佑，我们可别再分开了，否则就永远见不着了。”

“别再分开了！”如此说来，探险之旅并未放弃？我惊讶地瞪着一双大眼，叔叔见状，连忙问我道：

“怎么了，阿克赛尔？”

“我想问一声，您说我现在一点问题都没有了？”

“是呀。”

“我的手脚无伤无损？”

“是呀。”

“那我的头呢？”

“只是有点挫伤罢了。”

“我恐怕脑子受到了影响了。”

“什么影响？”

“我们没有回到地面上吧？”

“没有呀。”

“那我一定是神经错乱了，因为我好像看到了阳光，听见了风声、涛声。”

“噢，这个嘛!”

“您能解释一下吗?”

“这我可解释不了，因为这无法解释。不过，等你看到之后，你就会明白，对地质科学的研究还没到达臻于完善的地步。”

“那就让我出去看看。”我猛地站起身来，大声说道。

“那可不行，阿克赛尔，你不能吹风!”

“有风?”

“是呀，风还很大。你可绝不能吹风。”

“没关系的，我已经完全好了。”

“千万可别性急，孩子。万一复发，那我们的麻烦就大了。我们不能浪费宝贵的时间，因为摆渡需要很长的时间。”

“摆渡?”

“是呀，今天你再好好地休息一天，明天我们就上船。”

“上船?”

听了上船两个字，我很惊奇。这么说来，我们面前有一条河，一个湖，或一片海?水上还停泊着一条船?

我好奇得不得了，心里痒痒的，想立刻弄个明白。叔叔拉住我，不许我出去，但我那猴急的样子让他明白，不满足我的好奇，可能更加不利。

我立刻把衣服穿好，还在身上披了一条毯子，免得让风吹着。

第三十章 “地中海”

起先，我什么也没看见。眼睛因为已习惯了黑暗，怕光，见亮就一下子闭上了。等我又睁开眼睛时，我不禁惊呆了。

“大海！”我又惊又喜地呼喊道。

“是的，”叔叔回答道，“它叫里登布洛克海。我敢说没有任何一位航海家能同我争抢最先发现它的权利，我完全有理由把它称作‘里登布洛克海’！”

这一大片的水就是一座大湖或一个大海的源头，它水面广阔，一望无际，波涛起伏，在月牙形的海岸边被阻挡住。金色的细沙滩上，散落着无数的小贝壳，地球上那原始的生命就居住在小贝壳里。波浪撞击着海岸，浪花飞溅，发出一种只有在封闭的巨大空间里才能听得到的奇特的声响。微风习习，飞沫吹到了我的面庞上。在这个微倾的海滩上，矗立着一堵巨形石壁，距海水有六百多英尺远，笔直挺拔，插入云霄。石壁脚下，有些岩石一直延伸向前，插进水中，形成许多岬角，浪涛不停地拍击着它们。远处，在烟雾迷蒙的海平线上，也能清晰地看到一些岬角。

这是一个实实在在的大海，海岸曲折不定，但却十分荒凉，不见人影。

由于有一道奇特的光亮把一切都照得很亮，所以我能清楚地看到近处和远处的一切。这不是强烈的日光，也不是淡淡的月色。不是的，它那强大的照明能力、它在照射中那摇曳不定的特性、它那明晃晃的白色、它所引起的气温的微微上升以及它那比月光还亮的亮度，都在明显地告诉我，有一个电源存在。它如同一道永不会熄灭的北极光，照亮了这个可以容纳一个大海的山洞的角角落落。

我头顶上方那可以称之为“天空”的圆顶，似乎是由大片大片的云团构成，它们是移动着变化着的水蒸气，一旦遇到冷空气便会凝结，化作倾盆大雨。我原以为在这样的高气压下，水是不会出现蒸发现象的，可是，不知何故，空中却飘浮着大面积的水汽。好在当时“天气晴好”。电离层在高高的云端造成奇特的光线变化，而下方的云朵则笼罩在浓重的阴影之中，常常会有一道很强的光线从云彩缝隙投射到我们身上。不过，这并不是太阳光，没有一点热气。这道光让我产生肃杀凄凉的感觉。我意识到，在这云层的上方，不是灿烂的星空，而是花岗岩穹顶，它的全部重量都压在了我的心头。无论其空间有多大，它都容纳不下一颗哪怕是最小的星星在其间自由运行。

此刻，我不禁想起一位英国船长的说法：地球就好比是一个巨大的圆球，球内的空气因压力大而发光，而普鲁托①和普罗塞毕娜②两个星座则在其中划出一道道神秘莫测的轨迹来。

这位船长说的是真的吗？

我们确实是置身于这个巨大的洞穴里了。我们判断不出洞穴到

① 罗马神话中的冥王，是人们死后灵魂世界的主宰者。

② 罗马神话中冥王普鲁托之妻，又译为普洛塞庇娜，她是谷物女神的女儿，被普鲁托强行掠到冥界。

底有多宽，因为海岸向两边延伸开去，看不到尽头。我们也无法知晓它究竟有多深，因为我们只能隐隐约约地看到一个模糊不清的地平线。至于它的高度嘛，肯定有好几英里高，因为用肉眼无法看到架在花岗岩壁上的穹顶。不过，在大约二点五英里的高处，有许多云团飘浮着，比我们平时看到的地球上的云层还要高，大概是因为空气密度大所导致的。

说它是“山洞”并不足以描述这么巨大的空间。对于一个深入地底做探险之旅的人来说，人类的词汇是太贫乏了。

我不知道地质学方面有什么原理可以解释这个巨大的洞穴的存在。它是不是地球冷却使然？我喜欢看书，读到过一些游记，对一些有名的洞穴还是知道一点，可是我们还从来没有发现过像现在这样又高又大又宽的洞穴。

如果德·洪伯尔特先生在勘测了哥伦比亚的瓜夏拉山洞①之后，没有测出其深度为两千五百英尺的话，那么，光凭肉眼去目测，是绝不会相信它有这么深的。美国肯塔基州的大钟乳石洞穴——猛犸洞（美国肯塔基州的著名洞穴，世界上最大的地下洞穴网蕴藏于此。1981年作为自然遗产列入《世界遗产名录》）也是非常大的，它的穹顶比深不可测的湖水还要高出五百英尺，游客们深入洞穴二十五英里后，仍不见其尽头。可是，与我现在身处的洞穴比较起来，它们全都是小巫见大巫了。这个洞穴上方的天空云层厚重，电光四射，洞内还有着一个浩瀚的大海。面对这么巨大的一个自然物，我的想象力已不够用了。

我静静地凝视着这自然奇观，想不出该如何描述我的感觉。我仿佛置身于天王星或海王星这样遥远的星球上，看到了地球人所从

① 据说这个山洞是一条长达四百七十二米的笔直通道，通道尽头有一个深度为二百一十米的洞穴。

未见过、体会不出的奇观异景。想要描写那全新的感觉，怎奈无新词妙句！我只是看着，想着，既惊奇又有点恐惧。

这幅奇异美景让我精神为之一振，脸上重新映出健康的气色。惊奇叹服把我的伤痛治愈了。此外，这浓密而清新的空气给我肺里输送了大量的氧气，使我精神焕发，力量倍增。

不难想象，一个在狭窄坑道中幽禁了四十七天的人，呼吸到这种潮湿而又略带气味的空气，真的是一种享受。

因此，离开了那阴暗的石洞，我没有理由后悔，而叔叔则早已习惯了这奇异的景观，已不再对此感到惊讶了。

“你已经有力气散散步了吧？”叔叔问我道。

“是呀，不知为什么，我是想走一走。”我回答道。

“那好呀，你挽住我的胳膊，阿克赛尔，我们沿着曲折的海岸走走吧。”

我连声说好。于是，我们便沿着这个新发现的大海开始漫步。在我们的左手边，岩石陡峭，层层叠叠，形成一堆又高又大的岩石堆。岩石侧壁，条条瀑布飞泻，宛如水帘。岩石间有几缕轻雾飘荡，表明那儿是一个个的沸泉。小溪则缓慢而平静地流向大海这个公共的蓄水池，其往下流去的潺潺声，宛如仙声妙乐，悦耳动听。

在一条条溪流中，有我熟识的忠实伙伴——汉斯小溪，它正平静地流向大海，仿佛自地球诞生时起，它就在做这一件事情。

“它将成为我们的美好记忆。”我叹息着说。

“嗨，”叔叔说道，“对我们来说，这条小溪和那条小溪不都一样嘛。”

我不敢苟同，他的话未免有点忘恩负义了吧？

然而，这时候，一个意想不到的景色把我的注意力吸引了过去。我们正沿着海岸走着，突然发现前方五百步开外的一个岬角拐弯处，冒出来一片高大浓密深邃的森林。林中树木高矮适中，远远望去，呈规则的阳伞状，并带着清晰的几何形轮廓，风吹过去，树叶纹丝不动，如同岩石状的雪松。

我加快了脚步急于想弄清这种奇特的树种的名称，也许它们根本就不在目前已知的二十万种植物之列？也许它们应是湖沼植物群落中的一员？等我快步走到树荫下时，我的惊讶已经变成了赞叹了。

其实，我所看到的就是地球植物，只不过其体积要比地球表面上的同类庞大得多。叔叔立刻叫出了它们的名字。

"这是一片蘑菇林。"叔叔说道。

叔叔没有认错。大家可以想象得出，这种喜阴爱湿的植物在这儿长势有多好。我听说，根据布里亚①的理论，"巨型马勃"的蘑菇头直径可以高达八九英尺，可是，生长在这里的却是高度达三四十英尺的白蘑菇，而且蘑菇头的直径也可能有如此长度。这片蘑菇林的蘑菇数量多达数千株。它们密集地生长着，阳光无法透过，因此蘑菇头下是一片漆黑。这些圆顶状的蘑菇头一个接一个地排列着，如同非洲居民居住的房屋的圆屋顶。

我继续往蘑菇林中走去。走在这些圆屋顶下，寒气逼人，冷得厉害。我们在这片潮湿阴暗的圆屋顶下转悠了半个钟头。当我回到海岸边时，不免大舒了一口气，仿佛脱离了苦海一般。

不过这虽说是蘑菇林，但却不乏其他植物。远处还有一簇一簇的其他树木，树叶全都褪了颜色。这些都是地球上较低级的藻类，很容易辨认，只是其体积非常大，其中有：高达一百英尺的石松、巨大的封印木、与生长在高纬度地区的冷杉一样高大的乔木状蕨类，以及长着圆柱形分叉枝茎和长叶子、满是皮刺、让人看了直恶心的林木。

"真惊人！真奇妙！真壮观！"叔叔大声嚷道，"地球二叠纪，也

① 法国的一位生物学家。

就是过渡期的植物群落全在这儿了。这些今天在我们花园里的低级植物，在地球诞生之初，竟然如此高大！你好好地瞧瞧，阿克赛尔，没有任何一位植物学家能如此大饱眼福的。”

“您说得对，叔叔。上帝似乎有意要把这些古老的植物保存在这个巨大的温室里，而且科学家们竟能根据它们的残骸将它们复制得这么相像。”

“这儿确实是个大温室，孩子，不过，还得补充一点，这也是一个动物展览。”

“动物展览？”

“是呀。你瞧我们踩着的这些尘土，以及散落一地的骸骨。”

“骸骨！”我顿然醒悟，“没错，是古代动物的骸骨！”

我立刻跪到那些古老的骸骨旁，那是由不可分解的矿物质（指的是磷酸钙）组成的。我立刻喊出了这些巨大的骨骼的名称，它们如同干枯的树干一般。

“这是乳齿象的下颌骨，”我大声说道，“这是恐兽的臼齿。这是那些巨型兽中的一种——大懒兽的股骨。没错，这确实是一个动物遗骸展。毫无疑问，这些动物的骸骨绝不是由于地壳运动而被推挤到这儿来的。它们原本就生活在‘地中海’沿岸、乔本植物的树荫下面。喏，这儿有一副完整的动物骨骼。可是……”

“怎么？”叔叔问道。

“我不明白这花岗岩洞穴中怎么会有这种四足动物出现呢？”

“为什么不会呀？”

“因为动物在地球上出现的时期应该是二叠纪，也就是当沉积地层在河流的冲积之下形成并取原始时代的灼热岩石而代之以后。”

“你说得对，阿克赛尔，不过，你的疑问很容易消除：这儿就是沉积地层。”

“什么？在地底下这么深的地方怎么会有沉积地层呀？”

“当然有。这种现象在地质学上是完全可以解释得通的。有一段时期，地球是被一层具有伸缩性的外壳包裹着的，由于引力的作用，这层外壳便不断地起伏不定。有一部分沉积地层很可能在地面发生塌陷的时候，陷进了突然裂开的地缝中。”

“可是，既然在地下的这一区域曾经有古代动物生活过，那么，怎么知道它们现在就不再在黑暗的森林里或陡峭的岩石后面出没呢?”

这么一想，我不免有点恐惧之感，抬眼向地平线看了一番。但是，海岸空旷无物，没有任何动物的影子。

我感到有点累，便到一个岬角顶端坐了下来。海浪拍击着岬角下部，响声很大。我坐在那儿，可以看到整个海湾，它被月牙形海岸环绕着。在海湾尽头的尖锥形岩石中间，夹着一个小港口。那儿海风吹不到，海面平静如镜。那儿停泊上一条大船和两三条小船，看来是不成问题的。我似乎看到有几只小船，扬着风帆，借着南风的力量，驶向大海。

不过，那只是我脑海中的瞬间想象，我们是这个地底世界里唯一有生命的动物。风暂时止息的时候，干燥的岩石和海面被一种比沙漠里更加死寂的寂静笼罩着。我真想穿过远处的迷雾，撕开遮挡住凄惨肃杀的地平面的那块帷幔。我心中想着的是些什么样的问题呢？大海的尽头在哪里？大海通往何处？我有朝一日能否看到它的彼岸？

叔叔并不担心这些问题，他像是胸有成竹似的。可我，我是既想知道答案又怕知道答案。

我凝视着这奇观异景足足有一个钟头。然后，我和叔叔便踏上了回洞穴的沙滩小路。晚上，我脑海中浮现出许多怪诞念头，不久便睡着了。

第三十一章　木筏

第二天醒来时，我已经完全康复了。我想洗个澡，觉得这对身体有好处，便跳入“地中海”中，在水里泡了几分钟。它的确堪称“地中海”，比地球表面的那个地中海更加恰如其分。

泡完澡回来，胃口大开。汉斯为我们做饭，他现在又有水又有火，早餐便可花样翻新了。餐后，他为我们准备了咖啡，我从来没有像这次那样觉得咖啡这么合口味。

“现在，”叔叔说道，“要涨潮了，不要错过研究一番的时机。”

“涨潮？”我疑惑地问。

“是呀。”

“怎么，这地下深处也在受到太阳和月亮的影响？”

“那当然！所有的物体不是都在受到万有引力定律的作用吗？这片海洋当然也不例外，不会不受到这一定律的影响的。因此，海面上虽说是气压很高，但你仍然可以看到与大西洋一样的涨潮现象。”

于是，我们便来到了海滩上。海水正在向岸边漫过来。

“海水开始往上涨了。”我叫嚷道。

“是呀，阿克赛尔，从这滚滚浪花来看，我估计海水得上涨大约十英尺。”

“这太奇妙了。”

“不，这很正常。”

“不管您怎么说，叔叔，我反正觉得这确实是太奇妙了。我简直都不敢相信自己的眼睛了。有谁会想到，在这地底深处，竟然会有一片大海，而且还有潮汐、海风和暴雨？”

“为什么不会有啊？自然界有哪一条定律规定地底下不许有大海的？”

“那当然是没有啰，除了地心热量的理论而外。”

“那么，迄今为止，戴维的理论被证明还是正确的？”

“那当然，今后任何理论都不能否定地球内部存在着海洋和陆地。”

“这倒是，不过，这些海洋和陆地却无人在那儿生活。”

“可是，我不明白，为什么这片大海里没有什么不知其名的鱼呢？”

“是呀，我们一条还都没有看到。”

“要不咱们做几根鱼竿，看看是否能像在地面上的海里一样大获丰收。”

“我们是要试一试的，阿克赛尔，我们要揭示这些新地方的所有秘密。”

“叔叔，我们现在是在哪里呀？您的仪器一定能告诉我们答案的。”

“从水平方向看，我们现在距离冰岛八百七十五英里。”

“这么远啊？”

“我敢肯定，顶多也就是一英里的误差。”

“从罗盘上看，仍旧是在东南方向吗？”

“是的，东南偏西 19°42′，与在地面上完全一样。只是根据罗盘的倾角，我觉得有一个奇怪的现象，我正在仔细地观察着。”

“什么奇怪现象呀？”

“罗盘的指针不像在北半球那样指向磁极，而是指着相反的方向。”

“这是不是说，磁极是在地面和我们现在所在的位置之间呀？”

“完全正确。如果我们向磁极区走去，也就是朝着詹姆斯·罗斯①发现磁极的北纬七十度附近前进的话，我们就会看到罗盘的指针垂直向上。因此，这个引力的中心显然不会在很深的地方。”

“这一点目前科学确实尚未想到过。”

“科学本身就存在着很多的错误，孩子。不过，犯错误并非坏事，错误会把人们渐渐引向真理的。”

“我们眼下是在地下多深的地方？”

“八十七点五英里深处。”

“这么说，”我边说边看地图，“我们的头顶上方是苏格兰山区，格兰扁山脉②那白雪覆盖的山顶正直插云霄。”

“是的，”叔叔微笑着回答道，“我们头上可是压着很沉重的重量啊，不过，洞穴的穹顶还是非常坚固结实的。大自然这位伟大的建筑师，用非常好的材质建造了它，这是人类永远都望尘莫及的！穹顶的半径有七点五英里，穹顶下面的大海波浪滔滔，风暴肆虐，与之相比，地上建造的桥拱和教堂的门拱根本就不值一提了。”

“咳，我根本就不怕穹顶塌下来。叔叔，您现在有什么计划吗？您不想回到地面上去吗？”

“回到地面上去？照你说的。恰恰相反，我打算继续向前，到目

---

① 1800—1862，苏格兰海军军官，英国探险家，他于1831年发现了地磁北极的位置。

② 是苏格兰三个主要山脉之一，横跨苏格兰中部。

前为止，不是一切都很顺利吗？”

“可是，我不知道我们如何钻到这个大海底下去。”

“啊，我可不想冒险跳到这海里去。不过，海洋其实也只是个大湖，它的周围被陆地围绕着，而我们面前的这片大海更是由花岗岩石壁围绕着的‘地中海’，那能跳吗？”

“当然不能跳哕。”

“既然如此，我肯定能在对岸找到一条新的往下去的路。”

“您觉得这海有多长呀？”

“七十五到一百英里之间。”

“哦。”我心想叔叔一定估计有误。

“所以，我们不能浪费时间了，明天就得出发。”

我不由得四下望去，看看载我们渡海的船只在哪里。

“好呀，我们要上船了，”我说道，“可是我们的船在哪儿呀？”

“没有船，孩子，有木筏，一个结实的木筏。”

“木筏？”我吓了一跳，“木筏造起来也一样困难，我没看见……”

“你是没看见，阿克赛尔，可你注意听！你听见了吗？”

“听见什么？”

“斧子锤子的声音啊！汉斯已经在动手制造了。”

“在造木筏？”

“是呀。”

“什么？他已在砍树了？”

“树早就自己倒下了。你跟我来，看看汉斯是怎么干的。”

我们走了半个小时，来到岬角的另一边，我看见汉斯在那天然的小港湾里正在干着呢。我走上前去，来到汉斯身边。我惊奇地看到，沙滩上放着一只做好一半的木筏。这木筏用的是特殊的树干。地上满是厚木板、曲榫头、船肋骨，足够造一只海军战舰的了！

“叔叔，”我叫道，“这是一些什么木头？”

"松木、杉木、桦木和在北方生长的所有针叶树木，它们因海水的作用，全都矿化了。"

"真的呀?"

"这就是所说的化石木。"

"那它会硬如褐煤，重得很，怎么可能浮在水面呢?"

"是这种情况。有些树木会变成煤，可也有些树木，比如眼前的这些，才刚刚在向化石转化，你看。"叔叔说着便把一根宝贵的木头扔到海里。

那根木头先是沉下海里，不见了踪影，但片刻过后，它就又浮上来了，跟着波浪在起伏漂动着。

"你看见了没有?"叔叔问我。

"我简直不敢相信这是真的。"

第二天晚上，能工巧匠汉斯终于把木筏做好了。这木筏有十英尺长，五英尺宽。化石木树干由结实的绳索捆绑在一起，很平整又很结实。这只临时制造的小船一放到水里，立刻稳稳当当地在里登布洛克海上漂浮起来。

第三十二章　第一天航行

8 月 13 日，我们早早地醒来了。我们将乘坐这个轻快而新颖的交通工具出发。木筏的全套装备只有用两根并排连接好的树干做成的桅杆、一根树干做的横桁和睡毯做的风帆。绳索并不缺少，所以木筏捆绑得非常牢固。

早上六点，里登布洛克教授下令上筏。我们七手八脚地把食物、行李、仪器以及大量从山间打来的溪水，全都搬上了木筏。

汉斯在木筏上还装了个舵把儿，好操纵方向。我立即把木筏系在岸上的绳缆解下，升起了帆。我们迅速地离港起航了。

离开这个小港口之后，一向很注重为所到之处命名的里登布洛克教授，提议用我的名字来命名这个小港。

“您要真想命名的话，我给您另一个名字，好吗？”我对叔叔说。

“什么名字？”

“叫格劳班港吧。这个名字标注在地图上，让人看了觉得温馨。”

“好，那就叫格劳班港吧。”

这样一来，我就把对自己心爱的姑娘的怀念与我们的这次探险之旅连在一起了。

此刻正刮着东北风。木筏顺风顺水，疾速地漂流着。这猛烈的东北风犹如一台功率强大的风扇吹着船帆，有力地推动着木筏快速向前。一个小时之后，叔叔准确地估算出我们的航行速度。

“照眼下这种速度行驶的话，”叔叔说道，“一昼夜至少可以行驶七十五英里，很快就能驶抵对岸。”

我没有应声，只是坐到木筏前部去了。北面的海岸岩石已在地平线上消失，左右两边的大海无边无涯，好像在张开双臂，以方便我们行驶。我所看到的只是茫茫的大海。大块的乌云在海面上投下灰暗的影子，那影子飞快地移动着，浓重地笼罩着这死寂的海面。水珠映射出电流的银色光芒，木筏激起的波浪闪烁着。很快，所有的陆地都从视线中消失了，任何可供参照的东西都看不到。如果木筏没有激起阵阵浪花的话，我真以为我们完全是处于静止状态之中。

晌午时分，海面上漂浮着一大团一大团的海藻。我知道这种海洋植物的生命力极强，繁殖能力惊人。它们生长在海底一万两千英尺以下，在四百个大气压下繁衍，往往形成巨大的海藻团块，阻碍着船只的航行。然而，我可以说我还从未见过像里登布洛克海里的这么大的海藻哩。

我们沿着长达三四千英尺的墨角藻往前驶去。这些墨角藻如同巨大无比的海蛇，蜿蜒伸展开去，看不到尽头。我饶有兴味地盯着它们看，总想看到它们最终止于何处，可是，都好几个小时了，我的耐心等待始终未见结果。

创造出这种植物的该是多么伟大的自然力啊！在地球形成之初，由于炎热和潮湿的原因，地球上只有植物称王称霸，不知当时的地球是一个什么景象！

夜色来临，正如我头天晚上所观察到的那样，空气的发光性能没有一丝一毫的减弱。这是一种持久的现象，可以说它会永远这么保持下去。晚饭后，我在桅杆下躺着，不久便甜美地睡着了。

汉斯一动不动地坐着，稳稳当当地掌着舵，任由木筏疾驶而下。其实，现在正是顺风，无须掌舵。

从格劳班港起航之后，里登布洛克教授便叫我负责记“航海日记”，把所观察到的所有细小事物、有趣现象、风向、航速、航程，总之，把此次航行中的一切，事无巨细，全都记录下来。

现在，我就把这忠实记录的情况写出来，供大家详细了解我们的渡海情况。

8月14日，星期五，刮着不变的东北风。木筏迅速地直线行驶着。由于大风相助，木筏已离开海岸七十五英里了。地平线不见任何东西。光线强度未见变化。天气晴好，天高云淡。大气犹如熔化的白银，白而放光。气温为三十二摄氏度。

中午时分，汉斯把鱼钩系在鱼线上。鱼钩上钩着一块肉作为鱼饵，被抛入海中。两小时过去了，不见动静。突然，鱼线动了一下，汉斯赶忙收线，一条大鱼在鱼钩上拼命地挣扎着。

“一条鱼！”叔叔高兴地喊道。

“一条鲟鱼，”我也欢叫起来，“一条小鲟鱼！”

叔叔翻来覆去地检查着那条鱼，他与我的结论相悖。这鱼头部圆而扁；身体前部覆盖着骨质皮片；嘴里无牙齿；胸鳍发达，但却无尾。这条鱼肯定是属于博物学家称之的鲟鱼类，但在主要的方面又与鲟鱼不尽相同。

叔叔的看法是正确的，他又稍加观察之后说道：“这条鱼属于已灭绝很久的鱼类，只有在泥盆纪地层里才能发现其化石。”

“这么说，我们果真捕捉到一个在原始海洋中生活的居民了？”我惊诧地说。

“是的，”叔叔边说边继续观察，“你看，这种古老的鱼与现在的鱼类完全不同。能捕捉到这样一种动物，而且还是活的，对于博物学家来说，那可是天大的乐事。”

“它属于哪一类呀？”

“属于硬鳞目盾头科，至于是什么属……”

“到底什么属呀？”

“翼鳍属，肯定是翼鳍属。这种鱼有一大特点，一个地下海洋里的鱼类所共有的特点。”

“什么特点？”

“眼睛是瞎的。”

“瞎的？”

“它不仅是瞎子，甚至连视觉器官都没有。”

我拿起那条鱼检查了一下：果然如此。不过，这也许是个特殊的例子吧？于是，我们又往鱼钩上放了鱼饵，抛入海中。这个海里一定有大量的鱼，我们在两个小时内，竟然钓到了许多翼鳍属鱼类和其他地球上已经灭绝了的鱼类，如双鳍鱼。不过，叔叔也说不清双鳍鱼属于哪一类。所捕获到的鱼全都没有眼睛。钓到这么多的鱼，可是让我们换了不少的口味了。

从所钓到的这些鱼来看，有一点肯定无疑：在这片大海中生活的鱼类，全都是一些古老的动物属类，它们与爬行动物一样都进化得十分完善，因为它们在远古时代就已经出现了。

科学家们曾经根据一些残存的骸骨成功地复制出了蜥蜴类动物的标本，我们说不定也会在这儿遇上几只这样的动物的。

我举起望远镜观察大海。海上没见任何东西。我想，也许是我们离海岸太近的缘故。我抬头望天。不朽的居维叶①曾复制过一些鸟类的标本，可为什么在这沉闷的大气层里，却没有鸟儿在振翅高飞呢？这儿鱼很多，足够鸟儿吃的了。毋庸置疑，天空与海上一样，都看不到任何东西。

---

① 1769—1832，法国动物学家、古生物学家，比较解剖学的创始人。

然而，幻想把我带进一个美好虚幻的古生物世界里。我虽然是睁着双眼，但却沉湎于梦境之中。我幻想着，仿佛海上有巨大的海龟在游动，它们就像是海上漂浮着的一座座小岛。昏暗的海滩上，有一只短角兽和一只棱齿兽走了过来，它们是地球早期的哺乳动物。短角兽在巴西的岩洞里被发现，而棱齿兽则来自西伯利亚那严寒的地带。远处，皮很厚的奇蹄兽犹如巨型貘一般，躲在岩石背后，随时准备与偶蹄兽争抢食物。偶蹄兽是一种奇怪的动物，既像犀牛和马，又像河马与骆驼，好像因造物者在创造世间万物时非常忙碌，把几种动物的特征全集中在它们身上了似的。巨型的乳齿象甩动着长鼻，用长牙敲碎海岸上的岩石。大懒兽则蜷起四肢，边掘土边吼叫，叫声在花岗岩中引起回响。上方，地球上最早的猴子目——原猴——去攀援陡峭山峰。再往上去，有翼手龙在拍击着翅膀上的爪子，像只大蝙蝠似的在高密度的空气中滑翔。最后，在最高一层，比鹤鸵更健壮、比鸵鸟更巨大的巨型鸟在展开宽阔的翅膀，用头撞击花岗岩穹顶。

这个古老的世界在我的幻梦中复活了。我奇思妙想地飞进了《圣经》中创世纪的时代。当时，人类尚未诞生，残缺不全的地球还不能满足人类的生存条件。我在幻想动物出现之前的情景。哺乳动物消失了，然后鸟类，继而二叠纪爬行类，最后鱼类、甲壳动物、软体动物和节肢动物，也全都消失了。过渡期的植形动物也不见了踪影。地球上的所有动物在我的脑海中全都闪了过去。在这个荒芜的世界上，只有我的心脏在跳动着。季节不再变化，气候也始终如一。地球本身的热量在不断地增加，太阳的热力随之失去了作用。植物在疯狂地长高长大。我如同一个幽灵似的在乔木状的蕨类植物中间游荡，脚步游移，踩在红色灰泥岩和斑驳的砂岩上。我忽而倚着巨大的针叶树的树干，忽而又躺在百十来英尺高的蝶叶树、星叶树和石松的树荫下面。

数百年的时间一晃即过。我又开始追溯地球的形成过程。植物不见了；花岗岩失去了它的坚实性；由于热力的增强，物体从固态变成了液态；水在地表上流淌着，沸腾着，蒸发着；地球被蒸气笼罩着，逐渐形成一个大气团，泛着红白色的光，变得同太阳一样大，一样亮。

这个大气团比它后来逐渐演变而成的星球要大一百四十万倍，它置身于其中央，被卷进星际空间。我的身体在逐渐变小，变轻，最后竟成了一粒毫无分量的原子，融入整个蒸气团中，随着它，在无尽的宇宙间划出一道在熊熊燃烧着的轨迹来。

这是多么惊异的梦啊！这个梦会把我带到何方？我颤抖着手，记下了这些奇情怪景。我把一切全都忘却了，已经不记得什么教授、向导和木筏了，我已完全沉浸在这个幻觉之中了……

"你怎么了？"叔叔问道。

我睁大着眼睛看着叔叔，可我却好像并没有看见他。

"小心点，阿克赛尔，别掉到海里去！"

他刚这么一说，我就觉得汉斯一把把我紧紧地抓住了。多亏了汉斯，否则我就葬身大海了。

"你怎么搞的？"叔叔呵斥我道。

"怎么了？"我这才清醒过来，问道。

"你是不是病了？"

"没有，我刚才好像做了个梦，现在醒了。没什么事吧？"

"一切都好。顺风顺水，木筏行驶得很快，如果我没估计错的话，我们很快就能靠岸了。"

听叔叔这么一说，我立即站起身来，抬眼远望，但依旧是水天一色，不见陆地的影子。

第三十三章　大海兽

8月15日，星期六，海上仍旧是空空荡荡的，单调乏味，看不见陆地的影子。水天相接处似乎非常远。

由于头一天胡思乱想，我的头仍旧有点晕乎。

叔叔倒是没有胡思乱想，但他的心情却很烦躁。他举起望远镜四下里仔细地观察了一番，然后搂抱着胳膊，满脸的恼火表情。

我立刻觉得叔叔那急躁脾气又犯了，于是，我赶快拿起笔来把这一情况记在了日记上。叔叔只是当我遭遇极大危险，身体受到损伤的时候，才表现出一丝的亲情来。等我没了危险，身体康复了，他的老毛病就又开始犯了。这次是什么事让他又憋起一肚子的火呢？我们的探险之旅不是挺顺利的吗？木筏不也是在飞快地行驶着吗？

“您干吗那么着急啊，叔叔？”我见他老是举起望远镜观察，不禁问道。

“着急？不是的。”

“是不耐烦了？”

“谁遇到这种情况还能耐得住性子？”

“我们的木筏不是走得很快吗？”

“快又能怎样？我并不是在抱怨木筏，而是大海，它太大了！”

我突然记起出发前，叔叔曾对这个大海做过估计，说它有七十五英里长，可是我们已经行驶了比这个长度长三倍的距离，怎么还见不到南边的海岸呢？

“我们现在并没往地底下去，”叔叔又说，“这样平行等于在白白地浪费时间，我跑这么远，并不是要跑到这个池塘里来划小船玩的！”

他竟然说我们的渡海远行是划小船，而且还是在池塘里划着玩！

“可我们却是沿着萨克努塞姆所标示的路线……”

“问题就在这儿。我们是不是真的在沿着他所指明的道路走的呀？他当时是不是也碰到了这个‘地中海’？他是否也是渡海而过的呀？那条引导我们的小溪是不是把我们引上了歧路？”

“不管怎么说，反正我们到此一游并不枉此一行，这奇观妙景……”

“我们来这儿可不是为了观赏什么风景的。我有一个既定目标，我必须达到目的！”

我不敢顶嘴，因为他所言极是。因此，我只好听任他紧咬嘴唇，心里发急了。晚上六点钟时，汉斯向叔叔索要酬劳，叔叔付给了他三块银币。

8月16日，星期日，一切如前。天气未见变化，只是风力加大了一点。我早晨一醒，立即关注起光亮来。我老是担心那电光会逐渐暗淡下去，最后熄灭。但我是白操这份心了，光亮并未暗淡，更没有熄灭。木筏的影子清晰地映在水面上。

这“地中海”真的是无边无际！它也许真的与地球上面的地中海，甚至大西洋一样的宽广。这完全有可能。

叔叔多次对海水深度进行测量。他用一根长一千二百英尺的绳子，将其顶端系住一把很沉的铁镐，放入水中。当长绳放完之后，铁镐仍未触及海底。我们费尽气力才又把铁镐拽了上来。

把铁镐拉上木筏后，汉斯指着上面很清晰的痕迹让我们看。那痕迹像是被两个坚硬物夹出来的。

我怔怔地看着汉斯。

汉斯说出一个丹麦词。

我听不懂，便扭过头去看着叔叔。叔叔正在沉思默想。我不想打扰他，便又扭过头来看着汉斯。他的嘴张张合合了好几次，我这才明白他的意思。

“牙印!”我小心仔细地检查了铁镐上的痕迹，惊异地说。

确实，那印痕就是牙齿留下的。长着这么大的牙齿的颚骨肯定力大无穷！这地下海里真的有比鲨鱼更大更凶猛的巨兽存在？难道我昨晚梦中所见的情景真的出现了？

这个念头萦绕在我的脑海中，让我整整一天都忐忑不安。只是到了晚上，睡了那么几个钟头，心情才渐渐地平静下来。

8月17日，星期一。我在回忆二叠纪古代动物①的特征。这些古代动物是在软体动物、甲壳动物和鱼类之后，在哺乳动物之前出现的。当时，整个地球属于爬行动物的世界。这些怪兽主宰着侏罗纪时期的海洋。大自然赋予了它们最最完美的构造。它们体形庞大，力大无比！今天的爬行动物，无论是鼍龙②还是鳄鱼，无论体形多么庞大，力量多么巨大，都不能与它们的祖先相提并论。

一想到这些巨大的怪兽，我不禁汗毛倒竖。没有人亲眼见到过这种动物；它们在人类出现之前几十万年就生活在地球上了。现今，人们根据在石灰质黏土里发现并被美国人称之为“下侏罗纪化石”的骨骼化石，可以复制出这些巨大怪兽的结构，了解它们那庞大的

---

① 脊椎动物在二叠纪发展到新阶段，两栖类进一步繁盛。

② 扬子鳄。鼍，tuó。

体积。

我在汉堡博物馆里曾经参观过一架爬行类动物的骨骼，足有三十英尺长。我这个地球居民真的会碰上这些古老的动物吗？不会的！不可能！可是，铁镐上那牙印却是实实在在地存在着。从那牙印可以判断出，怪兽的牙齿应该是圆锥形的，与鳄鱼的牙齿相同。

我惶恐不安地望着大海，害怕从海底蹿上一只怪兽来。

叔叔看来也有着与我相同的想法，因为他在检查完那把铁镐之后，也在仔细地观察着大海。

“他干吗心血来潮，测什么水深呀！”我心里直犯嘀咕，“他这么一弄，肯定惊动了怪兽，如果我们遇上……”

我忐忑不安地看了看我们携带的武器，它们全都在，我的心稍微踏实了一些。叔叔看着我，见我在注视武器，向我点了点头，表示赞许。

这时候，水面开始剧烈地动荡起来，说明水底在骚动。危险迫在眉睫，千万注意。

8 月 18 日，星期二。夜幕降临，确切地说，是睡意袭来的时候。在这片大海上，是没有黑夜的。直射的光亮照得眼睛很疲劳，我们如同在阳光普照的北极海面上航行一般。汉斯在把着舵，是他值班。我睡着了。

两个小时后，我突然被一阵骇人的震动声惊醒。木筏陡然间被一种莫名其妙的巨大力量顶了起来，随即被抛到一百三十英尺开外的地方。

“怎么了？”叔叔叫喊道，“是不是触礁了？”

汉斯指着一千三百英尺左右的远处。我们顺着他所指的方向看过去，发现有个黑乎乎的玩意儿在一上一下地游动。我立即喊叫道：

“大海豚！巨大的鼠海豚！”

“嗯，”叔叔也说，“还有一条巨大的海蜥蜴！”

“稍远处还有一条大鳄鱼！那颚骨好大啊！还有那大牙！啊！它不见了！”

“还有一条鲸鱼！一条大鲸鱼！”叔叔大声说道，“我看到它的巨鳍了！它的鼻孔在喷水呢！”

果然，海面上升起了两股又高又大的水柱。眼前的这些大怪兽，可把我们给吓坏了！它们真的是硕大无朋！最小的一只也能把我们的木筏咬碎。汉斯连忙转动舵把儿，让木筏顺风行驶，尽快逃出这危险区域。可是，木筏的另一侧也有怪兽：一只四十英尺长的海龟和一条三十英尺长的海蛇。那大海蛇将脑袋高高地竖在海面上。

简直无处可逃了！这些怪兽步步紧逼。它们围着木筏在转来转去，其速度比高速列车还快。它们把我们的木筏围在了中间。我连忙抄起武器。可是，我很清楚，子弹是穿不透它们那厚实的鳞片的。

我们惊恐万状，大气也不敢出。我们的一边是巨鳄，一边是巨蟒，其他的怪兽却不见了踪影。我正欲举枪射击，汉斯用手势制止了我。那两只怪兽从距木筏三百多英尺的地方游过去，相互朝着对方猛扑。它们怒目相对，根本就没有看到我们。

两只怪兽此刻正在离我们六百多英尺的地方展开着激战。我们可以清清楚楚地看到它们搏击的情景。此刻，鼠海豚、大鲸鱼、海蜥蜴、大海龟也参加了这场混战。我看得十分清楚，还指着让汉斯看。可是汉斯却摇了摇头。

“就两只。”汉斯用丹麦语加手势说。

“什么？两只？他说就两只……”我转向叔叔求证。

“汉斯说得对。”叔叔说道，他一直在举着望远镜观察着。

“那怎么会？”

“肯定没错。第一只怪兽长着鼠海豚的嘴、海蜥蜴的头和鳄鱼的牙，所以我们就看混了。这是古代爬行动物中最可怕的鱼龙！”

“那另一只呢？”

"另一只是长着龟壳的大海蛇，名叫蛇颈龙，是鱼龙的死对头！"

汉斯没看错，确实只有两只，可是这两只怪兽却把水面搅得乱七八糟，像翻江倒海似的。

我看到的是两只原始海洋中的爬行动物。那鱼龙眼睛血淋淋的，大得如同人的脑袋。大自然赋予了它巨大的视觉器官，因而可以抗得住海水的巨大压力，在深海中生活。它曾被称之为海蜥蜴中的鲸鱼，这么说是不无道理的，因为它的体形与速度都与鲸鱼相当。当鱼龙在水面上把尾鳍垂直竖起时，我立刻进行了估算：它起码有一百英尺长。它的颚骨大极了，博物学家认为，它至少有一百八十二颗巨型牙齿。

蛇颈龙身体呈圆筒状，尾巴很短，四肢似桨。身上覆盖着甲壳。颈部似天鹅脖颈般柔软，头抬起来可高出水面三十英尺。

这两只海中怪兽互不相让，疯狂地扭打在一起。搏斗中，海水被掀起老高，排山倒海一般，扑洒到我们乘坐的木筏上，不止一次地几乎要将我们淹没。怪兽厮打时，吼声尖厉。它们纠缠在一起，几乎无法辨别出谁是谁来。它们彼此互不相让，定要拼个你死我活，狂怒的样子令人胆战心惊。

一个小时过去了，又一个小时过去了，搏斗仍未分出谁胜谁负。它们忽而靠近木筏，忽而远离木筏。我们待在木筏上不敢乱动，时刻准备开枪。

突然之间，两只怪兽不见了踪影，海面上只剩下了一个巨大的漩涡。它们两个是否潜入海底，继续那未完的搏斗去了？

猛然间，我看到一个巨大的脑袋伸出水面：是蛇颈龙的脑袋。它已遭到致命的打击，甲壳已不知哪儿去了，只见它那长颈伸起落下伸起落下地甩动着，像一条长鞭似的抽打着水面，而身子则像被截断的蠕虫似的扭动着。水花被溅得很远，弄得我连眼睛都睁不开，看不清东西了。渐渐地，垂死挣扎着的蛇颈龙力气消失殆尽，身子不再扭曲。最后，它终于一动不动地漂在复归平静的水面上。

可那条鱼龙呢？它是不是潜回海底洞穴里去了？它会不会再次蹿出水面？

第三十四章　阿克赛尔岛

8 月 19 日，星期三。老天保佑，刮起大风，把木筏吹离了恶斗的战场。汉斯仍在把着舵。叔叔因观战而中断了思索，此刻烦心事又涌上了心头，复又焦躁地凝视着大海。

航程重又变得如先前一样单调乏味。不过，说实在的，我宁可这么单调乏味，也不愿再经历昨日那可怕的危险。

8 月 20 日，星期四。风向东北偏北，风力时大时小。气温很高。木筏行驶速度为每小时七点五英里。

到了晌午，只听见远方传来声响。那是一种低沉而连续不断的声音，不知是什么发出来的。

“这是海水拍岸的声音，”叔叔说道，“远处可能有礁石或小岛。”

汉斯立刻爬到桅杆顶部，但并未见礁石。远处，仍然是水天相接。

三个小时过去了。那声响仿佛是远处的一个瀑布在飞泻。

我把我的猜测告诉叔叔，可是他听了只是摇头。可我却觉得自己听得很准。我们是否在朝一个瀑布驶去，将被它裹挟进深渊里去？

顺瀑布而垂直落下，叔叔肯定高兴，可我……

不论是瀑布还是什么，反正几英里外肯定是有一个声音源，声音凭借风势传到我们耳里，因为现在我们已经能清晰地听见那声音了。这声音到底是源自天空，还是来自海洋？

我抬头望天，想穿过天上的云彩，判断出天有多高多厚。天空十分宁静。高高地飘浮在穹顶上方的云彩一动不动，似乎它已融进了强烈的光线之中。如此看来，那声响绝非来自天空。

于是，我便转眼望着平静如镜的海面：它并没有发生变化。可是，如果那声响来自一个瀑布，如果大海正在向一处盆地飞泻，如果那声响确实是水直落下时发出的，那么，海水就应该有所变化，它应该朝着一个方向急速流去。如果那样我就可以根据那水流的速度测算出危险离我们还有多远。我朝海水仔细地看了看，却一点也看不出它在流动，所以根本就不存在什么流向的问题了。我把一只空瓶子扔到水里，它只是在水面上漂浮着。

四点光景，汉斯站起身来，又爬到桅杆顶端去了。他举目朝着远方水天相连处望去，最后定睛望着一个点。他虽然脸上并无惊讶的表情，但却死死地在盯着那个点。

“他好像发现什么了？”叔叔说道。

“我也这么认为。”我应声道。

这时，汉斯从桅杆顶端下来，指着南边说道：

“那边！”

“那边？”叔叔重复了一句。

叔叔随即举起望远镜，仔细地看了有一分多钟，可我却觉得这一分钟似乎比一个世纪还要长。

“没错！没错！”叔叔喊叫道。

“看见什么了？”我着急地问。

“海上喷出一股巨大的水柱。”

“又是海兽干的？”

“很有可能。”

“那我们赶快往西边走吧，别再碰上怪兽了，太危险了。”

“不，航向不变，继续向前！”叔叔坚定不移地说道。

我转身看着汉斯，汉斯仍坚定地稳着舵把儿。

此刻，木筏距离这只怪兽估计起码得有三十英里，这么远都能看到它喷出的巨大水柱，那这只怪兽肯定是奇大无比了。看来，遇此险情，还是尽快逃离方为上策。可是，我们此次前来就是为了探险的呀！

于是，我们便乘着木筏继续向前驶去。是什么怪兽，竟然能吸入这么大量的水，然后又喷了出来？

晚上八点钟时，我们驶近怪兽约五英里处了。那怪兽身体巨大，黝黑，起伏不平，如同一座小岛，在海面上伸展着。是幻觉还是恐惧使然？我觉得它竟长达一英里多！就连居维叶和布鲁门巴哈①这么著名的科学家也未曾见过如此巨大的鲸鱼。它到底是什么样的怪兽？此刻，它一动不动地漂浮在那儿，好像睡着了似的。大海都奈何不了它。波浪只是在它身边涌起跌落罢了。水柱喷向天空，高达五百英尺，然后便像雨点般地四下洒落，还发出巨大的响声，震耳欲聋。我们是不是疯了，竟然向这个巨大的怪兽疾驶而去？即使一百条鲸鱼也不够它吃的呀！

我真的怕得不得了，甚至都想把船帆的绳索割断，不让木筏向怪兽冲去。我实在是不想继续前行了，可是叔叔却不答应。我可真的要对叔叔加以反抗了。

正在这时候，汉斯突然站起身来，手指前方那威胁着我们的“怪兽”说道：

---

① 1752—1840，德国解剖学家、人类学家，是科学人类学的创立者。

“小岛!”

“原来是一座岛。”叔叔大声说道。

“一座岛!”我不屑地重复道。

“就是一座岛。”叔叔大笑着回答道。

“那怎么会有水柱呢?”

“喷泉。”汉斯说道。

“对,没错,就是喷泉,”叔叔接茬儿说道,“如同冰岛的喷泉一样。”

一开始,我并不相信自己会出这种笑话,竟然将一座小岛当成一只怪兽。可是事实就摆在那儿,不服也不行。我眼前的那个东西真的是一座天然小岛。

木筏越往前去,水柱就显得愈发高大。那小岛如同一条巨鲸,脑袋伸出海面有七十来英尺高。在冰岛语中,“喷泉”也含有“愤怒”的意思。这股喷泉气势恢宏,巍然升腾在小岛的一端,轰鸣声不绝于耳。它那巨大的水柱,冲天而起,四周飘散着羽状水汽,直射天空低层的云彩。这个喷泉只是孤独一个,四周并无火山气体和沸泉。在电光的照耀下,水柱的每一滴水珠都折射出七彩光芒来。

“靠岸。”叔叔命令道。

但是,先得避让喷泉那倾泻下来的泉水,否则木筏将会被冲翻。汉斯稳稳地把着舵,木筏安全地驶到小岛顶端。

我跳上岩石小岛,叔叔紧跟着跳下木筏,汉斯仍坚守在他舵手的岗位上,好像没有任何新奇的事可以让他动心似的。

我同叔叔走在夹杂着硅质凝灰岩的花岗岩上,脚下的地面如同炽热的蒸气在锅炉里翻腾似的在猛烈地颤抖着。地面灼热,脚下烫得厉害。我们发现中央部位有一个小盆地,喷泉就是从那儿喷射出来的。我把温度计插入沸腾的泉水中,一看,竟然有一百六十三摄氏度!

这说明泉水是从温度极高的地方喷出来的，这可是与里登布洛克教授的理论背道而驰了！我实在憋不住了，便向叔叔指出了这一点。

“是吗？这又能说明什么问题呀？能证明我的理论是错误的吗？”叔叔反驳道。

“我不清楚。”见他如此固执己见，我懒得再与他争论，便没好气地回了一句。

说实在的，直到目前为止，不知何故，我们一路之上还是挺顺利的，温度并没对我们构成威胁。不过，我相信，总有一天，我们会走到地热达到极限的地带，无法向前。

叔叔并不理会我，他的口头禅就是“等着瞧吧”。

在用我的名字给这个喷泉小岛命名之后，叔叔便让大家回木筏上去。我又多看了那喷泉一会儿，发现它的水柱大小不一，时强时弱，时高时低，我猜想那是积聚于地下的水蒸气的压力所造成的。

我们上了木筏，绕过小岛南端的陡峭岩石，又起程了。汉斯趁我和叔叔上岛之际，又把木筏整修了一下。

在离开喷泉小岛之前，我把所走过的路程记在了日记本上。我们从格劳班港行驶到这儿，在海上已走了六百七十五英里，已经到达英国的地底下，离冰岛已有一千五百五十英里了。

第三十五章　暴风雨

8月21日，星期五。今天，那气势恢宏的喷泉已经从我们的视野里消失不见了。风力在加强，吹得木筏很快便离开了阿克赛尔岛。喷泉的轰鸣声也听不见了。

所谓的“天气”，看来会突然发生变化。空气中充满着带电的水蒸气，它来自海水的蒸发，散发出一股咸咸的味道。云层低低地压在头顶上方，呈现出微微的橄榄绿色。一场风暴即将来临，电光简直无法穿透那厚厚的乌云。

我面对即将来临的风暴，不禁感到恐惧。南方的积云（圆形的云）显示出一种不祥的征兆，让人战栗。空气闷热，但海面仍很平静。

远处的云好像堆积着的一包包的大棉花，渐渐地积聚、胀大。它们低垂着，似乎要与地平线挤压在一起。最后，在高空气流的吹送下，这些大棉花包渐渐聚拢，连成了吓人的一大片，阴沉沉地压了下来。

空气中肯定是满含着水汽。我浑身湿透了，头发竖直，仿佛立于一台电架旁边。我似乎感到，如果我的同伴此刻稍稍触碰到我，他肯定会受到电击。

上午十点光景，风暴来临的征兆更加明显了。风势好像在变弱，但那是在为卷土重来做准备。乌云像是一只巨大的口袋，里面装着正在酝酿着的暴风雨。

我尽量地不去想这场即将来临的暴风雨。但却憋不住地说道："看来天气要大变了。"叔叔没有吭声。眼见这大海广袤无垠，他心里十分烦躁。他听我这么一说，只是耸了耸肩。

"暴风雨就要来了，"我指着远方地平线说，"云层越来越低、越来越厚，像是要压上大海了！"

海上一片静寂。风已经止息。大自然死气沉沉，像是停止了呼吸。船帆不再鼓起，耷拉着悬挂在桅杆上。桅杆顶端已经有爱尔摩火①在隐现。木筏已停在这凝重平静的海面上，不再前行。在这种情况下，还挂着风帆干什么？暴风雨袭来，因它之故，反而会将我们带进海底。

"把帆落下来！把桅杆也放倒！这样安全一些。"我说道。

"不行，"叔叔叫道，"哼，绝对不行！让暴风雨袭来吧！让暴风雨击打我们吧！我宁可看到木筏被击得粉碎，也要望见对岸的岩石！"

叔叔刚一说完，南边的地平线便突然发生了变化。乌云变成了大雨。空气在猛烈地流动着，狂风骤起。天更黑了，我想简略记上一笔都不可能。

木筏被掀起，跳动着。叔叔摔倒了，我赶忙爬到他的身边。他紧紧地攥住一把绳索，还在颇有兴致地欣赏着这暴风雨的壮观景象。

汉斯一动不动。他的长发被风吹到脸上，遮盖住了他那毫无表情的面庞。他的每一根发梢都在闪着电光，看着十分怪异，如同与

① 在雷暴天气下，近地层中的电场超过万伏/米时，地面上的尖端物比如植物、建筑物会产生微弱的放电现象，肉眼可观察到暗淡的蓝光。

鱼龙、大懒兽同一时期的远古人一般。

桅杆仍旧挺立在那儿。船帆被狂风吹得鼓鼓的，恍若一只就要被胀破的大气泡。木筏在快速向前飞驰，如脱缰野马一般。但是，木筏再快，也没有雨点的速度快。那雨滴，连成一条线，呈雨帘状飞洒下来。

“帆！帆！”我指着船帆嚷叫道，示意将帆落下来。

“不！不！”叔叔回答道。

“不。”汉斯摇了摇头也这么说。

木筏疯狂地向地平线冲去，可是，大雨形成一道瀑布在前面挡住了我们的去路。云尚未倾泻在我们身上，云幕被撕裂开，大海翻滚起来，高空云层的化学反应所产生的电也大发其威。电光闪闪，雷声滚滚。水汽变得炽热。冰雹落在我们的金属工具和武器上，击出点点火星。海浪涌起，如同一座座孕育着大火的山峰，都在喷射着火焰，像是戴上了火红的头套。

强光刺眼，雷声震耳，我只好紧紧地抱住桅杆，但狂风肆虐，桅杆被刮得如同芦苇似的弯了下来。

（到这里，我所记的日记就极不完整了。我从中只发现了一些粗浅简略的记录，是我随手机械地记下来的。不过，尽管这记录既简略又不连贯，但却能反映出我当时紧张到了什么程度，它比我的回忆更加准确地描述了我当时的感觉。）

8 月 23 日，星期日。我们被狂风吹着，以飞也似的速度直冲而去，不知现在已经到了哪里。

这一夜，真的是恐怖至极。暴风雨持续不断。雷声滚滚，耳鼓被震得出血，我们彼此无法说一句话。

闪电也在不停地划破夜空。我看见闪电的光亮呈蛇形迅速扫下来，继而又由下往上地掠过花岗岩穹顶。我真担心，万一穹顶坍塌，后果不堪设想。有时候，那闪电彼此或交叉着，或似火球一般，并发出爆炸声响，如同一颗炸弹在头顶炸了开来。因为响声已超出人的耳朵所能承受的限度，因此我并未觉得响声比先前有所增加，说实在的，哪怕地球上的所有火药库都同时发生爆炸，我也不会觉得声音比这声音更响的。

云里仍旧有电光在继续闪射着。电分子不断地在释放着电能；空气的气体性质显然已在改变；无数水柱冲向高空，落下来后，激起一片片的浪花。

我们往何处去啊……叔叔仰卧在木筏的前头。

气温越来越高。我看了一眼温度计，水银柱指着……（数字已看不清楚了。）

8月24日，星期一，暴风雨仍未停息！气压为什么这么低？空气密度高上去之后为什么就降不下来了？

除了汉斯以外，我和叔叔都已疲惫不堪了。木筏依然在向着东南方向疾驶而去。自驶离阿克赛尔岛以来，木筏已经行驶了有五百多英里了。

到了中午，暴风雨更加猛烈了。我们把所有的东西全都紧紧地绑在木筏上，包括我们自己在内。海浪高涌，从我们头顶呼啸而过。

整整三天了，我们彼此连一句话都未能交谈过。我们张开嘴巴，掀动嘴唇，可是发出的声音无人能听得见，即使凑近耳朵喊话，对方也听不清楚。

叔叔向我挪近，费尽气力地说了一句，我听着像是在说：“我们完了。”但是，我却不能肯定他是不是这么说的。

我用手比画着写字，告诉叔叔：“把帆落下来。”

叔叔点了点头，以示同意。

突然间，一个火球落在了木筏近旁。桅杆和船帆一下子就被卷走了。我看着它们向高空飞去，如同古代传说中的大鸟翼趾龙似的。

我们顿时吓得动弹不得。那半蓝半白的火球如同一颗直径十英寸的大炸弹似的，在缓慢地移动着，并且在狂风的吹动下急速地转动着。它在向我们旋转过来；它转到木筏的骨架上，又跳上了食物袋，继而又轻轻地飘落下来，复又掠过火药箱。这下完了！火药如果爆炸，全都灰飞烟灭了！还好，这耀眼的火球离火药箱而去，转到汉斯的方向，汉斯眼睛直勾勾地盯着它。这时，它又转向叔叔那边，叔叔赶忙躲闪。最后，它向我飞来，强光和高温把我吓得面色苍白，全身发抖。它在我的脚旁徘徊，我想把脚收拢，但却无法如愿。

空气中满含着氮气的味道，我的喉咙发堵，肺部感到憋闷。

我的脚为什么收不拢呢？啊！原来这个带电的火球把木筏上所有的金属器具全都磁化了。仪器和武器在颤动，在碰击，发出尖厉的响声。我鞋底上的鞋钉与一块嵌于木头上的铁板死死地吸在了一起，因此，我无法把双脚收拢回来。

火球在我脚前旋转着。我的脚要被它吞噬，被它卷走了！正在这千钧一发之时，我猛一使力，脚收拢回来！好悬啊！……

啊！突然一股强光出现：火球爆炸了！火星四下里飞溅。

随即，强光熄灭，一切复归暗淡。我看见叔叔仰躺在木筏上。汉斯仍然在掌着舵把儿；他全身带电，像是个“喷火人”。

8月25日，星期二。我昏迷了很久，醒来时，风暴仍在继续着，未见停息。闪电在天空中像一条蛇一样游动着。

我们仍在海上？没错，我们以一种无法估计的速度在继续飞驰着。我们已经驶过了英国，越过了英吉利海峡，穿过了法兰西，也许已经驶过了整个欧洲！

突然，又有一个声音传来！那显然是海水拍击岩石的声响……这时候……

第三十六章　我们往何处去

我的所谓的“航行日记”写到这里也就结束了。幸而，木筏虽然失事了，但这本日记却未遭厄运。现在，我来将前面的记述继续下去。

木筏撞上岩石后，后果怎样，我并不清楚，只觉得自己掉落水中。多亏了汉斯那膂力过人的臂膀将我从深渊中救了回来，我才没有撞到尖尖的岩石上，才没有粉身碎骨。

勇敢的汉斯把我拖到多沙而发烫的沙滩上，我躺在了我叔叔的身旁。

然后，他便向着被狂涛冲击的岩石走去，试图把失事木筏上掉落在海中漂浮着的东西捞上来。我惊魂未定，疲惫不堪，连话也说不出来。看来，我一时半会儿还缓不过劲儿来。

大雨依然哗啦啦地下着，甚至比先前的雨点更大更密，但这却预示着这大雨已是强弩之末①，下不了多久了。我们在几个大块的重

① 强弩射出的箭，到最后力量弱了，连鲁缟（薄绸子）都穿不透。比喻起初很强后来变得很微弱的力量。出自《汉书·韩安国传》

叠的岩石下避着狂风暴雨。汉斯为我们准备了点食物，但我却连碰都不想去碰。我们大家已经三天三夜未曾合眼，早已困得不行，支撑不住了，便浑身难受地睡着了。

第二天，天空放晴，蓝天如洗。大海好像与天空有约，也平静了下来。暴风雨的痕迹已完全消失。当我醒来的时候，叔叔语气欢快地问我：

“嘿，孩子，睡得好不好呀？”

我仿佛觉得自己是在科尼斯街的家中，正优哉游哉地准备下楼吃早餐，而这一天，又是我和我可爱的格劳班举行婚礼的日子。

唉，这该死的暴风雨，为什么不把我们的木筏往东边吹，那样我们就被吹送到德国，来到我亲爱的汉堡城的底下了。这么一来，我与家乡只相隔不到一百英里了！不过，那可是一块一百英里的厚厚的花岗岩地壳，要想绕回家乡，必须走上两千五百英里！

我在回答叔叔的关切问候之前，脑海中飞快地闪过这些痛苦的念头。

“啊，你不想告诉我睡得好不好啊？”叔叔接着又说了一句。

“睡得挺好的，叔叔，”我连忙回答道，“只是稍微有点累，没什么大碍。”

“有点累是正常的，没什么关系。”

“您今天看上去非常愉快，是吧，叔叔？”

“非常愉快，孩子！非常愉快！我们已经到了！”

“到达目的地？”

“不，到了这片看似无边无际的大海的尽头了。现在，我们已踏上陆地，要继续向地心走去了。”

“叔叔，我能提个问题吗？”

“你说吧，阿克赛尔。”

“那我们以后怎么回去呀？”

“回去？我们还没到达目的地，你怎么就想到回去呀？”

“我只是问一下我们怎么回去。”

“这很简单嘛。等到达地心之后，我们或者是另觅一条新路回去，或者就干脆老老实实地原路返回。我想，我们来时的那条路不至于等我们一走过就立刻封堵住了吧？”

“那我们就得把木筏修好。”

“那当然。”

“可我们的食物还有吗？”

“有，当然有。汉斯是个能干的人，我敢肯定，他已经把大部分食物抢救出来了。咱们去看看吧。”

我们走出这个四面透风的洞穴。我既满怀着希望，又不免忐忑不安。担心在木筏撞岸时，上面的东西已全部掉进海里，不见了踪影。可是，我的这种担心看来是多余的了。走到岸边时，我看见汉斯正站在一大堆摆放得整齐有序的物品中间。叔叔心怀感激地与他握了握手。汉斯真是个无出其右的人，没人比他更加忠心耿耿的了，在我们睡觉的时候，他一直在冒着极大的危险抢救最宝贵的物品。

我们当然也遭受了一些严重损失，比如武器就丢了，不过，无猎可打，武器倒也无关紧要。火药箱虽然差点在风暴袭来、火球滚近时爆炸，但却有惊无险，完好地保存了下来。

“嗨，”叔叔说道，“没有了武器，最多也就是不打猎罢了。”

“那倒也是。不过，仪器怎么样了？”

“这是流体气压计，它最重要了。有了它，我可以测算深度，就能知道什么时候可以到达地心。不然的话，我们可能走过了头，从地球的另一端走出去！”

我觉得他所感到的愉快让我心里很不好受。

“罗盘呢？”

“在这儿，在岩石上，完好无损。计时器和温度计也没有一点损坏。啊！汉斯可真伟大呀！”

汉斯确实是了不起。仪器全都在，全都没有问题。工具方面，我看到梯子、绳索、铁镐等物都在沙滩上散乱地摆放着。

不过，我还得看看食物有什么问题没有。

“食物的情况怎样？”我问道。

“咱们看一下吧。”叔叔回答道。

装着食物的箱子整齐地排放在沙滩上，同样是完好无损。大部分食物未遭海水浸泡，箱内的饼干、腌肉、刺柏子酒、鱼干，足够我们吃上四个月的了。

“四个月呀！”叔叔大声说道，“足够我们走个来回的了。探险之旅结束，返回祖国，我要为我在约翰大学的同事们举行一个盛大的宴会！”

尽管我已经了解了叔叔的脾气，可他总是会说出一些让我惊奇的话来。

“现在，我们得把花岗岩石洼洼里的雨水全都积攒起来备用，这样就不必担心没水喝了。至于木筏嘛，我将让汉斯抓紧时间将它修好，尽管我们有可能用不上它了。”

“为什么用不上？”我惊奇地问。

“我只是这么猜想罢了，孩子。我觉得我们不会再从原路返回的。”

我颇为疑惑地看着叔叔，暗想他是否疯了？可是，从他说话的神态看，他不像是精神失常。

“吃早饭去吧。”叔叔又说。

他吩咐了汉斯几句之后，便领着我来到一处很高的海角上。早餐十分丰盛，有干肉、饼干和茶，是我一生中所吃过的最美的早餐之一。饥饿、新鲜空气、复归平静等，使我食欲旺盛。

吃饭时，我与叔叔聊起我们现在所处的位置来。

“我们的位置好像不容易确定。”我说道。

“是呀，准确地计算确实不容易，”叔叔回答道，“而且也不可能，因为在暴风雨袭击的三天三夜的过程中，我无法记下木筏的行驶方向和速度。不过，大致估算一下方位还是办得到的。”

我们最后一次测算方位是在那座喷泉岛上。

“在阿克赛尔岛上，孩子。用你的名字冠之于地球内部发现的一个小岛，这是很光荣的事，你干吗不好意思呀？”

“好吧，就在阿克赛尔岛吧。我们到达该岛时，已经行驶了七百英里光景，距离冰岛大约一千五百英里左右。”

“嗯。以此为准，把暴风雨算为刮了四天。在这四天中，我们每天行驶的路程不会少于两百英里的。”

“没错。那么，就得加上八百英里。”

“对。里登布洛克海的两岸间的宽度约为一千五百英里。你知道，阿克赛尔，它可与地中海比个高低了。”

“是呀，如果我们只是横渡了这个海，那就更是这样了。”

“这完全可能。”

“我还有一点不明白，”我又说道，“如果我们的计算是正确的，那么地中海现在就应该是位于我们头顶上方了。”

“是吗？”

“是的，因为我们现在与雷克雅未克的距离是两千两百五十英里。”

“这可是一段很长的距离啊，孩子。至于我们现在是在地中海下面，还是在土耳其、大西洋下面，只有在确定了我们的方向一直没有出现偏差之后才能确定。”

“应该不会发生偏差，因为风向一直没有改变。因此，我相信我们所在的这个海岸是在格劳班港的东南方。”

“嗯，这个不难确定，一看罗盘就知道了。”

叔叔说完便向汉斯摆放仪器的岩石走去。他很轻松，很愉快，还揉搓着双手，像个孩子似的神气活现。我跟在叔叔身后，想知道我的估算是否正确。

叔叔走到岩石旁，拿起罗盘，放平后，观察着指针。指针先是动了几下，然后因磁力作用而停下了。

叔叔看了一会儿后，揉搓着双手，随即又仔细地看了看，最后，十分茫然地转过身来向着我。

“怎么了?”我连忙问道。

他让我自己去看那罗盘。我一看，不禁惊叫一声。罗盘指针指的竟是北方，可我们还一直以为是南方！指针指着海岸，而不是大海的方向！

我拿起罗盘摇晃了几下，又仔细地检查了一番：罗盘并无毛病。我无论怎么拨动指针，指针最后总是回到原先的位置，指着那出人意料的方向。

如此说来，在暴风雨肆虐的过程中，风向肯定是发生过变化，只是未被我们发觉而已。叔叔原以为我们已经把出发时的海岸给远远地抛在了后面，然而大风却又把我们的木筏吹送了回来。

里登布洛克教授的感情变化，我真的无法描述，他又是惊讶，又是疑惑，又是愤怒。我从未见过一个人从轻松愉快一下子变得这么怒不可遏的。渡海时的疲惫与危险，难道还得让我们重新经历一遍不成！我们不仅未能向前，竟然还向后退了！

第三十七章　人头

不过，叔叔很快便压住了火，重打起精神来。“啊，命运竟然如此这般地捉弄我！”他说道，“大自然的一切都在跟我作对！空气、火、水都联起手来阻遏我向前！好吧，我得让你们瞧瞧，我是绝不会放弃的！我倒要看看人与自然究竟谁战胜谁！”

奥托·里登布洛克被激怒了，他怒气显现，看着吓人。他站在岩石上，犹如愤怒的阿贾克斯①一般在向神灵宣战。见此情景，我觉得不妙，试图阻止他的这股疯狂劲儿。

“您听我说，叔叔，”我语气坚决地对叔叔说道，“不管怎样，雄心壮志都得有一定的限度，不可与明知不可为的事情抗争。我们的航海装备太差。就几根树干、毯子做的船帆、一根木棍做的桅杆，就想顶着狂风航行一千两百多英里，这是不现实的。我们驾着的木筏，简直就是暴风雨的玩物。再渡一次海根本不可能，只能是疯狂

① 希腊神话中围攻特洛伊城的勇士，与神灵宙斯所支持的特洛伊勇士赫克托血战之后，因神灵雅典娜偏爱另一位希腊勇士，而使阿贾克斯发狂。清醒后的阿贾克斯羞愤自刎。

之举!”

我连续讲了有十分钟，列出了种种无法驳斥的理由。叔叔并未吭声，一直沉默着，其实他根本就没有听我说话，连一句也没有听。

“上木筏!”最后，他终于开口喊道。

这就是我讲了十来分钟的道理之后所获得的唯一回答。我无论是恳求还是发火都不管用，叔叔已经铁了心，我只得跟着他撞个头破血流。

汉斯刚用化石木加固了木筏。他像是早已猜透了叔叔的心思似的。桅杆竖了起来，船帆挂上，迎风飘扬。

叔叔对汉斯说了几句，后者便立即动手往木筏上搬东西，做航行前的准备。天清气朗，风从西北方吹来。

我还能有什么法子呢?我一个人又怎能反对得了他们两个人呢?如果汉斯与我站在一边，说不定还能阻止住叔叔的疯狂举动，可是，汉斯看来是个绝对忠贞不二的向导，他只是唯主人之命是从，我根本不可能说服他站到我这一边来。看来我只有跟着向前走了。

我无可奈何地正准备迈步登上木筏，又被叔叔拦住了。

“我们明天再走。”叔叔对我说道。

我做出绝对服从的表示。

“我不能对所在地不加了解就离开，”叔叔说道，“命运既然把我送到了这个海岸上来，不对它进行一番探测了解，怎么可以离开呢?”

我们虽说是被狂风吹送回来，但却并非回到原先出发的地方，而是更靠北边一点的海岸，格劳班港在我们的西面。这么指出来，读者们就能够理解叔叔刚才为什么要说“探测了解”这地方的原因了。其实，对这块新的海岸做一番了解，是很自然的举动。

“那我们就开始探测吧。”我回答道。

于是，汉斯留下继续干活儿，我和叔叔便出发探测去了。海岸离悬崖尚有一定的距离，得大约半个钟头方能走到。脚下满是贝壳，大小不一，形状各异，壳里曾经生活着的是古老的生物。我还看到有一些大甲壳，直径往往有十五英尺多，是上新世时期的雕齿兽留下的。这种古老的生物体形巨大，现在生活着的海龟与之相比，简直就是微缩型。此外，地上满是卵石，经海浪的冲刷，全都圆鼓鼓的，层层排排地铺陈着。由此，我敢断言，此处曾被海水淹没过。现在海水已经退后很多，淹不到这儿的石头上了，只是在这儿留下了明显的痕迹。

这在一定程度上说明了，为什么在离地面一百英里的深处，会存在一个大海。不过，我觉得这个大海将会在地球深处逐渐消失。地表海洋里的海水显然是通过一些缝隙流入地下，最终形成了这片“地中海”。同样，这些缝隙后来肯定是被堵住了，不然，整个洞穴，也就是这个无边无际的空间，就会更多地被海水填满。或者是这些海水在地热的作用之下，有一部分已经蒸发，以致形成我们头顶上方的云层和放电现象，而这种放电现象就是引发地球内部风暴的罪魁祸首。

我很高兴自己能将所见到的自然现象进行理论分析。无论自然景观如何奇妙，似不可解，实际上都是可以用科学原理加以阐释的。

我们此刻正在这沉积地层上走着，与那一时期所有的地层一样，这个沉积地层是由于水流冲积所形成的，在地球表面，这种沉积层分布得非常广。里登布洛克教授仔细地观察着岩石上的每一条缝隙。每当发现一个洞口，他都要认真仔细地测一测它的深度。

我们沿着这条海岸走了约有一英里。这时候，我发现地貌突然有了变化，它似乎因地层的剧烈上升运动变得扭曲，有许多塌陷和隆起出现，表明曾经发生过很大很广的断裂。

我们非常困难地在混杂着燧石、石英和冲积沉积物的花岗岩裂缝上走着。这时候，我们看到眼前有一片堆满动物骸骨的空地（或者说平原)。它就像是一个广阔的坟场，上面堆满了两千多年来各种动物的骸骨。这些骸骨层层叠叠，满眼皆是，望不到头。它们高低起伏着，向地平线尽头延伸而去，消失在迷雾之中。在这块也许有三平方英里的空旷的“坟场”上，展现的是一部完整的动物生命史：这部历史在人类世界那年轻的地层上几乎并未被书写出来。

我们心里感到非常好奇，急不可耐地向前走去。我们的脚踩踏着这史前动物的骸骨，噼啪噼啪直响。这些骸骨碎片十分珍稀宝贵，为许多大城市的博物馆所垂涎。这么多的骸骨，并不能完全复制出来，再多的居维叶也无法完成。

我简直惊呆了。叔叔望着我们视作天空的圆顶举起了长长的双臂，嘴巴大张着，眼睛在镜片后面闪烁着光芒，头在晃动着，完全是一种惊叹愕然的表情。他所见到的是大量的奇珍异宝，有短角兽、棱齿兽、奇蹄兽、偶蹄兽、大懒兽、乳齿象、原猴、翼手龙。这么多怪兽的骸骨聚积在一起，真的令他惊叹，令他兴奋。里登布洛克教授的表情并不难想象，他就像一位大书呆子来到被欧麦尔焚毁，但又奇迹般地在废墟上得以重建的亚历山大图书馆①面前一样地惊讶不已。

当他走过这满地的骸骨，突然捡起一个暴露着的头盖骨时，又是一番惊讶，他用一种颤抖的声音说道：

“阿克赛尔！阿克赛尔！人头！”

“人头？”我不无惊诧地重复道。

“是的，孩子！啊，亨利-米尔纳·爱德华②先生！啊，阿尔

---

① 始建于公元前305年。托勒密一世宣布自己为王后在亚历山大港修建图书馆和博物馆。亚历山大图书馆拥有丰富的古籍收藏，却于三世纪末毁于战火。

② 1800—1885，法国动物学家和生理学家。

芒·德·加特勒法日·德·布雷奥①先生！啊，你们为什么没同我里登布洛克在一起啊！”

① 1810—1892，法国动物学家和人类学家。

第三十八章　叔叔的演讲

为什么叔叔会突然提起这两位著名的法国科学家呢？这是因为，在我们出发之前，古生物学界曾发生了一个重大事件。

1863年3月28日，雅克·布歇·德·克雷夫科尔·德·佩尔特①先生在法国索姆省②阿伯维尔③附近的穆兰-基涅翁矿场指挥工人进行发掘工作。他们在地下四十英尺深处发现了一块人类的颚骨。这是第一块重见天日的古人类颚骨。另外，在这附近，还找到了一些石斧以及经人工打磨的燧石。这些燧石因时间久远，上面蒙着一层锈色。

此一发现在法国，甚至在英国和德国都引起了不小的轰动。法国法兰西学院的院士，诸如米尔纳·爱德华和德·加特勒法日，都对这件事十分关注，他们证实这个古人类颚骨是真实可信的，因此而成为英国人所说的“颚骨案”的最积极的辩护者。

① 1788—1868，法国史前学家、史前学的先驱者之一。
② 法国北部省份，以平原为主。
③ 法国城市，位于索姆省境内的索姆河畔。

英国也有许多的地质学家相信这一发现的真实性，比如休·法尔考纳、乔治·伯斯克、威廉·本杰明·卡朋特等人；德国表示认同的学者也不乏其人，我叔叔里登布洛克教授就是这些人中的最积极、最热情、最坚决的支持者。

因此，这个第四纪的人类化石的真实性已是毋庸置疑的了。

不过，持反对意见的也大有人在，其中最坚定的反对者就是埃利·德·波蒙。这位极具权威的学者认为，穆兰-基涅翁的地层并没有那么古老，并不是洪积层①，而属于一种更为年轻的地层。他的看法与居维叶的相同，不承认人类会与第四纪时期的动物共生共存。可叔叔则与大多数的地质学家一样，坚持自己的看法，与反对派进行讨论、辩论，使得埃利·德·波蒙先生几乎成了孤家寡人了。

这一事件的前因后果我们都很清楚，可是我们却有所不知，在我们出发探险之后，这事有了新的进展。在法国、瑞士、比利时的一些洞穴的灰色松土下，又发现了同样的颚骨。当然，这些颚骨是属于不同人种、不同国家的居民。另外，还发现了一些武器、用品、工具以及小孩、少年、成人和老人的骸骨。这么一来，第四纪已有人类存在的观点就进一步地得到了证实。

不仅如此，这次还发掘出来一些第三纪时期的骸骨，但并非人类的骸骨，而是一些带有细条纹的人工刻痕的动物胫骨和大腿骨，这就使得一些大胆的学者得以断定，人类在很远古的时代就已经存在了。

于是，人类的历史一下子便大大地提前了，比乳齿象还要早，与“南方古象”属于同一时期，已经存在十万年了，因为很多著名

---

① 多位于沟谷进入山前平原、山间盆地、流入河流处。外貌上多呈扇形。洪积层的物质成分复杂，从山口处向扇缘方向颗粒越来越细，在断面上，越往底部，颗粒越大。

的地质学家都认为，上新世地层就是在这一时期形成的。

以上所述即为古生物学的现状。我们对古生物学的认识足以解释我们在看到里登布洛克海的那巨大的骸骨堆时的反应了。

这么一来，叔叔的惊讶与快乐就是必然的了，特别是当他又往前走了有二十来步，发现了眼前竟然有一个第四纪人类的完整标本的时候。

这具人类尸体清晰可辨，毋庸置疑，保存得非常完整。这儿的土层性质极为特殊，与波尔多的圣米歇尔公墓的土层相似。是不是由于这种土层特殊，这具尸体才保存了这么多世纪而没有损坏？这我也搞不清楚。

这具人类尸体，皮肤松弛干瘪，四肢柔软，牙齿完好，头发浓密，手和脚的指甲又大又厚。没看清的话，真的以为是个大活人躺在那里。

面对这个属于另一个时代的人，我说不出话来。一向长篇大论，讲起话来眉飞色舞的里登布洛克教授此刻也三缄其口①了。我同叔叔一起将尸体抬起来，竖直了，贴靠在岩石上。尸体用那凹陷的眼眶盯着我们。我们用手轻轻地按了按他的胸膛，只听见有空洞的声响传出来。

沉默了一阵之后，叔叔实在是憋不住了，又变回侃侃而谈的里登布洛克教授了。他忘记了我们是在旅途中，忘记了我们所在的地方，忘记了囚禁我们的大洞穴，以为自己身在约翰大学，面对着自己课堂上的学生们，认真严肃地对着想象中的听众开始演讲起来：

“诸位，我非常荣幸地向大家介绍一位第四世纪的人。有一些著名学者否定他的存在，可另有一些学者则持肯定的态度。古生物学界的

---

① 形容说话十分谨慎，不肯或不敢开口。缄，jiān。

圣·托马①们，如果你们在场的话，请你们伸出手来摸一摸他，摸过之后，你们就会承认你们先前的观点是错误的了。当然，我也知道，对于这类的科学发现，我们应该谨慎考察。我也知道，像斐内阿斯·泰勒·巴尔努②之流的江湖骗子们是怎样利用古人类大捞钱财的。我也了解有关阿贾克斯的髌骨的故事，也听说过斯巴达人发现所谓奥列斯特③遗体的传说，还听说过保萨尼亚④讲过阿斯特里尤斯⑤身高竟达十七英尺。另外，我还看过关于十四世纪时在意大利特腊帕尼发现的波利斐姆⑥的骨骼的报告，以及在意大利巴勒莫附近出土的巨人遗体的报道。1577 年，在瑞士卢塞恩也发现了一些巨大的骸骨，著名医生费利克斯·普拉特⑦经过分析，宣称这些骸骨属于一个身高达十九英尺的巨人。关于这件事的评论情况，在座的诸位想必与我一样清楚。我看过让·卡萨尼奥尼⑧的论文，以及所有有关辛布尔人首领特多伯絜⑨的尸骨的回忆文章、小册子、演讲稿和辩论稿，这位高卢征服者的尸骨是在 1613 年在多菲内⑩的一个采沙场出土的！如果我生活在十八世纪的话，我一定会同皮埃尔·坎贝尔⑪一起，反对让-雅克·舍施策尔⑫所宣扬的人类自远古时期就已经存在了的说法！我曾经拥有过

---

① 耶稣十二门徒之一。他的理论是，凡事一定要亲眼所见方为实。

② 又译为费尼斯·巴纳姆，十九世纪中叶因编造假新闻而知名。他的理论是，凡宣传皆好事。

③ 又译为俄瑞斯忒斯，希腊神话中阿伽门农之子。

④ 公元二世纪的希腊地理学家和历史学家。

⑤ 古代希腊学者。

⑥ 希腊神话中的独眼巨人。

⑦ 1536—1614，瑞士医生。

⑧ 意大利十六世纪下半叶的古生物学家。

⑨ 条顿人的首领。

⑩ 法国地名，位于法国东南部阿尔卑斯山地区。

⑪ 1722—1789，荷兰医生、博物学家。

⑫ 1672—1733，瑞士博物学家。

一本名为《卡冈……》，一本名为《卡冈都……》。”

叔叔在公众场合说话，往往会磕巴，这一次他在说这本名著时，也结巴起来。

“《卡冈都亚……》。”他又说了一遍，还是没能说连贯。这个该死的书名让他梗住了，可恶至极！如果真的是在约翰大学的课堂上，学生们肯定会憋不住，哈哈大笑的。

“《卡冈都亚·格朗古杰》①。”里登布洛克教授好不容易连贯地说了出来。

接着，叔叔又兴奋有加地继续讲道：

“是的，诸如，这一切我都了解。我还知道居维叶和布鲁门巴哈在这些骸骨中发现了猛犸和第四纪时期的其他动物的骨头。可是，在这儿，面对这具古尸，还能有什么怀疑的呢？它就在我的面前。你们可以看得见，摸得着。如果还要怀疑，那简直是在亵渎②科学！这并不是一具骨架，而是一个完整的人体，它之所以能保存到今天，可以说完全是在保证人类学家能够认真地进行研究。”

我在尽力克制自己，不去反驳他。

“如果我们用硫酸③溶液把他清洗一番，”里登布洛克教授在继续讲课，“就能将它身上所附着的泥土和闪亮贝壳去除掉。很遗憾，我现在身边没有这种宝贵的溶液。不过，让它就这样保持着原状，倒是更能让它向我们讲述它自身的历史。”

讲到这里，教授便抓住这具古尸摆弄起来，手法灵活，像是魔术师似的展示自己的这个稀世珍宝。

“你们可以看出，”里登布洛克教授继续讲道，“他的身高不到六

---

① 此书中译本为《巨人传》，卡冈都亚·格朗古杰是巨人的名字。

② xiè dú，轻慢，不尊敬。

③ 是一种最活泼的二元无机强酸，有强烈的腐蚀性

英尺，绝对不是什么巨人。至于他的种族嘛，毫无疑问，是高加索人。他同我们一样，是白种人①。他的颅骨是规则的椭圆形，颧骨和颚骨均不突出，没有任何突颌类的特征，因此，其面角没有受到一点影响。我们可以测量一下，他的面角差不多接近九十度。如果要做进一步的推论，我敢保证，他属于分布在自印度到西欧的广大地区的印欧族。诸位，请别笑！”

其实，根本就没有人笑，只不过里登布洛克教授已经习惯了自己旁征博引地讲课时学生们听到精彩处所爆发出的笑声。

“是的，”教授更加神采飞扬地继续讲授着，“它是一具古尸，是一具与古代乳齿象生活在同一时代的人，而一具乳齿象的骸骨架可以占满整座阶梯教室。可是，它是怎么到达这么深的地下的？埋葬它的地层又是怎样滑到这个巨大的洞穴的？对此，我说不清楚。也许在第四纪时期，地壳仍旧在频繁地运动着，以致有一部分表面地层滑落到地下来了。不过，这一点我却不敢肯定。但是，可以肯定的是，这儿确实有人类，其周围还留有他们的手工制品、斧头、切削过的燧石②等，这无疑是石器时代的东西。因此，除非此人同我一样，是一个探险之旅的旅行者，否则，我深信他肯定是来自远古时期。”

里登布洛克教授的课终于讲完了，我十分钦佩地为他鼓起掌来。他言之成理，无懈可击，即使比我更有学问的人恐怕也无法驳倒他。

另外，还得补充一点。在这大片的骸骨堆中，这具人类的古尸并不是唯一的。我们走不了几步，就能发现一具，叔叔完全可以任意挑选一具最完好的来制作标本，以说服那些仍抱有怀疑的人。

---

① 白色人种又称欧罗巴人种或高加索人种，主要分布在欧洲、北非、西亚以及大洋洲和北美地区。

② 燧石俗称火石，主要由隐晶质石英组成，致密、坚硬，破碎后产生锋利的断口。

确实，这些人和动物的尸骨在这片巨大坟场上杂乱无章地混在一起，一堆一堆的，让人看了触目惊心。有一个重要的问题仍待弄清：这些动物是死亡之后才因地震的缘故掉落到里登布洛克海岸上来的呢，还是本来就在这个地底深处的岩石天空下生活着，与地面上的人一样土生土长的？我们先前所遇到的海兽和鱼类可全都是活蹦乱跳的呀！在这个荒僻的海滩上，是不是有地心人存在呢？

第三十九章　会是人吗

由于好奇心使然，我们又急切地在这片尸骨堆上继续向前走了半个小时。这巨大的洞穴里是否还有什么奇观异景？是否还有什么科学珍宝？现在，我的眼睛已经习惯于发现任何意外了，我的思维已经习惯于发现任何惊奇的东西了。

海岸已经消失在堆积如山的骸骨堆后面有一段时间了。胆大的教授毫不担心会走迷了路，只顾领着我往前走去。我俩一直沉默着，沐浴着电光往前走。不知何故，那电光照得很充分，很均匀，把所有的物体的表面全都照亮了。这电光并无固定的焦点，也不出现任何阴影。水蒸气全都消散了。在这均匀分布的光线下，远处的岩石、山峦和模糊不清的森林都显得很怪异。我们像是霍夫曼①小说中失去了影子的奇怪人物。

走了一英里之后，我们来到一大片森林的边缘，不过，它不像格劳班港附近的蘑菇林。

---

① 1776—1822，德国浪漫派作家、作曲家，代表作有《谢拉皮翁兄弟》《胡桃夹子与鼠王》等。

这是一片宏伟的第三纪时期的植物群落。

已经绝种了的巨大棕树、美丽的掌叶树，以及水杉、紫杉、柏树、崖柏等针叶树，都被一张密匝匝的藤本植物网连在了一起。地面上长满厚厚一层柔软的地衣和苔藓。几条小溪在树荫下（其实无所谓树荫，因为树根本没有影子）潺潺地流淌着。小溪边，生长着乔木状蕨类，与长在地面暖房中的蕨类完全一样。只是这些树木、灌木丛和其他植物，因为见不到阳光，显得没有生机，而且颜色全都是褪了色的棕褐色。树叶毫无绿意，花朵在这个第三纪的季节里倒是开得很多，但却既不五彩缤纷，又无芬芳四溢，仿佛是用漂白过的纸制作出来的纸花。

叔叔大胆地不顾危险地走在这片巨大的森林里，我紧跟其后，心中免不了有点恐惧。既然大自然创造了极好的条件让这些可食用植物生长得如此茂盛，我们怎么可能不碰上一些让人生畏的哺乳动物呢？

在这大片的森林中，我看到一些因日久天长而枯朽了的树木倒在地上，成了一片林中空地。空地上长着豆科、槭科和茜草科植物，以及成百上千种可供反刍动物食用的灌木。随后，我又看到许多杂生在一起的树木，它们在地球表面却是分布在不同的地区的，比如橡树、棕榈树、澳洲桉树、挪威松、北方桦树、新西兰杉树等。见到这么多种树木杂生在一起，恐怕地球上最优秀杰出的植物分类学家也会不知所措的。

我突然间停下脚步，抓住叔叔。

我凭借四下漫射的光线，看到森林深处有什么东西在动！我想我似乎看到……不，我确实看到有不少的庞然大物在树下活动。是一群乳齿象！它们可不是什么化石，而是活生生的象群，如同其遗骸于 1801 年在美国俄亥俄州的沼泽地里被发现的那些动物一样。我看到这些巨象的长鼻子在树干上卷来卷去，如同一条一条的大蟒蛇。

我还听见其长长的象牙碰到树干时所发出的声响。树枝被折断，树叶被大量扯下来，被送进巨象那巨大的嘴巴里。

我先前梦中所见的那史前时代、第三纪和第四纪的情景，突然间出现在我的眼前！我们只是三个孤立无援的人，生死存亡全看这群猛兽的态度了！

叔叔也看到了，他密切地注视着。突然，他一把抓住我的胳膊，冲我喊道：

"走！朝前走！朝前走！"

"不行！"我连忙劝说道，"这可不行！我们没有武器，怎么对付这些巨大的四足兽啊？往回返吧，叔叔，快往回返！向它们挑战是不会有好结果的！"

"你觉得没人敢向它们挑战吗？"叔叔压低声音说道，"这你可就错了，阿克赛尔。你看那边！我好像看见有个人，和我们一样的一个人！一个大活人！"

我看了看，耸了耸肩，不以为然，认为不可能。可是，我尽管不愿相信，但那确实是个人呀！

不到四分之一英里远的地方，确实有个人，他靠在一棵高大的杉树树干上，如同地下世界的普洛透斯①——海神的另一个儿子——一样，在看管着这群乳齿象。

这位看守巨象的人要比这群巨象更高大！

是的，没错，就是高大得多！我们刚才在那大片坟场的骸骨堆中发现过古代人的尸体，可是，这个看守却并不是古代的人，而是个活人，一个巨人，一个敢于看管巨象的巨人！此人身高有十二英尺，脑袋像牛头一般大，满头的蓬乱头发，如同远古时期大象的鬃毛。他手里拿着一根巨大的树枝在挥动着，这树枝可说是这位古代

① 早期希腊神话中的一位海神，精于预言与变化，为波塞冬放牧海豹。

牧人的牧杖。

我们愣愣地惊在了那儿，动弹不得。可是，万一被发现，那可就糟了，得赶快离开。

“走吧，快走。”我边说边拉叔叔走，他这是第一次表现出听从别人的劝说。

一刻钟之后，我们就看不见这个可怕的敌人了。

现在，这件难以想象的奇遇已经过去有好几个月了。当我心里已恢复平静，静下心来仔细琢磨这件事时，我就想，这到底是怎么回事呀？那个看守巨象者真的是人？不会吧？这怎么可能呢！这个地底深处怎么可能有人类生存？如果地心的洞穴中有人类居住的话，那他们不会不理会地面上的人的，不会不与地面上的人相互往来的。这个奇遇毫无意义，荒谬至极！一定是我们的感官出现幻觉，眼睛传递了错误的信息！

如果说那是一种与人形状相似的动物，是一种远古时期的猴子，我还能接受，比如猿猴或者中猿猴什么的，如同爱德华·拉尔岱①先生在桑桑②的化石层里所发现的那种。可是，据古生物学的记载，没有这种与我们所见到那么高大身材的猴子！不过，不管怎么说，反正那是只猴子！绝不会是个人，一个与一大群巨象生活在一起的地下活人！

我们在极其恐慌之中终于走出了这片明亮但却死寂的森林，禁不住拔腿跑起来，与噩梦中的那种仓皇而逃一样。我们本能地往里登布洛克海跑去。我的神经已经高度紧张，没心思去观看周围的任何事物。

我虽然明明知道自己是走在一片从未到过的土地上，但却感到

---

① 1801—1871，法国地质学家。

② 地名，位于法国西南部的热尔省。

常常会看见一堆堆的与格劳班港的岩石相仿的石头。这就说明罗盘的指针并未失灵，指的方向完全正确，我们确实是不由自主地回到了里登布洛克海的北面。周围的景色极其相似，难以分清。无数的小溪和瀑布从突出的岩石上倾泻而下。我仿佛又看到了化石木地层、为我们服务的汉斯小溪以及我那次从昏迷中苏醒过来的那个洞穴。可是，当我往前又走了几步，却看见了不同：石壁的形状、一条新出现的小溪，一块岩石的奇特轮廓……这使我又疑惑了。

我把自己的疑惑说给叔叔听，他说他也有同样的感觉。他嘴里嘟囔着，听不清他在说些什么，但我知道他也搞不清楚这究竟是什么地方。

“显然，”我跟叔叔说道，“我们并没有在出发地靠岸，暴风雨把我们吹送到稍稍往北点的地方。不过，我觉得，只要是沿着海岸走，我们定能回到格劳班港。”

“这样的话，”叔叔回答道，“何必继续往前走，干脆还是乘坐木筏吧。不过，你该不会弄错吧，阿克赛尔？”

“我也吃不准，叔叔，这些岩石都这么相像。不过，我觉得我认出了那个海角，汉斯就是在那海角底下造的木筏。即使小港口不在这儿，那也离不了多远。”我边说边观察着那个好像面熟的海湾。

“不对，阿克赛尔，假若真的如你所说的那样，那我们至少可以看到我们所留下的足迹，但我却没看见……”

“但我看见了。”我边说边向着在沙滩闪亮着的东西跑过去。

“在哪儿？”

“在这儿，就是这个。”我说着便捡起一把有锈迹的匕首让叔叔看。

“嗯，是你随身带着的？”

“不，我没带过，是您带的……”

“不可能！我怎么不记得带过这种东西呀？”叔叔回答道，“我从来就不带这种东西！”

“这可就怪了。”

“这并不奇怪，很简单嘛，阿克赛尔，”叔叔说道，“冰岛人就经常携带这种武器。这把匕首是汉斯的，是他掉的……”

我摇了摇头，因为我未曾见过汉斯用过这把匕首。

“这会不会是远古时期某个战士的武器呀？”我说道，“一个活人，一个与那个巨人般的牧人同一时代的人？这不会的呀！这并不是一件石器时代的东西，甚至也不是青铜器时代的。这把匕首是钢制的……”

叔叔打断了我，语气凝重地说道：

“别胡思乱想了，阿克赛尔。这把匕首是十六世纪的，是一把名副其实的短剑，是贵族们佩在腰间作为决斗用的。它产自西班牙。它既不是你的，也不是我的，更不是汉斯的。”

“您根据什么……”

“你看呀，匕首上有许多缺口，已经无法再用来决斗，无法刺人对方的喉咙，而且，刀刃上有一层锈，这可不是一两天，或一两年，甚至一个世纪所能造成的！”

叔叔说得来了劲头，想象力又丰富起来。

“阿克赛尔，”叔叔接着说道，“我们马上就会有重大的发现。这把匕首待在这沙滩上足有一两百年，甚至三百年了，它刀刃上的缺口是地下大海的岩石给碰出来的。”

“可是，它自个儿不会跑到这儿来呀？它也不会自己就变弯。肯定有人在我们之前到过这里。”

“没错，肯定是的。”叔叔赞同道。

“那这究竟是谁呢？”

“这个人肯定是用这把匕首刻下了自己的名字。他是想再一次为我们指明通向地心的方向。来，我们快来找找看。”叔叔兴奋地说。

于是，我们兴致颇高、劲头十足地沿着高高的石壁，检查着每一条缝隙。这些缝隙很有可能就是通往地心的通道。

我们很快就检查到了海岸的狭窄处。海潮几乎快涨至石壁，只留出顶多不到七英尺的一条通道。我们在两块突出的岩石中间，发现了一个黑漆漆的洞口。

在洞口的一块花岗岩石板上，有两个神秘的字母，有点模糊，是那位勇敢而富于幻想的探险家姓名的缩写：

·ᚭ·ᛋ·

“A. S.!”叔叔欢叫道，“阿尔纳·萨克努塞姆！又是他!”

第四十章 障碍

自我们开始探险之旅以来，我们已经多次感到惊讶了，所以这一次已经是见怪不怪了。可是，这次看到了三百年前刻在这岩石板上的字母时，我禁不住还是惊呆了。岩石板上不仅刻着这位博学的炼金术士的大名的缩写字母，而且我手中还拿着他用来刻这两个字母的那把匕首。我无法再怀疑这位地心探险者的存在以及他的探险之旅的真实性了，否则我就成了一个冥顽不化的怀疑论者了。

我思绪万千的时候，里登布洛克则在凝视着那两个字母，对阿尔纳·萨克努塞姆赞不绝口。

“真是个伟大的天才啊！”叔叔赞叹道，“您总不忘为后人指明穿越地层的路径，让与您志同道合的人们在这黑暗的地底深处，能够看到您在三百年前所留下的足迹！您的大名缩写字母隔上一段路程就出现一次，使得勇于追寻您的足迹的探险者可以顺利地走向目的地。这缩写字母是您亲手留下的。那么，我也要仿效您，把我的名字刻在花岗岩石板上。不过，从今日起，您所发现的这个大海旁边的这个海角，将永远命名为‘萨克努塞姆海角’了！”

我记得他大概是这么赞扬了一番那位先人。我觉得自己被他的这番表露真情的话语深深地打动了，我心中热情澎湃，我把旅途中的危险，返回时的艰难全都置于脑后了。前人做过的事，我也要去做。但凡别人能够完成的事情，我也能够完成！

“向前走！向前走！”我大声叫喊道。

我边喊边往黑暗的坑道里奔去，但叔叔却在拼命地叫我回来。这个平素容易冲动的教授这次却反过来劝我要有耐心，要冷静。

我略带不满地听从了叔叔的规劝，立即向着海边的岩石丛跑回来。

“您知道吗，叔叔？”我与叔叔一起走时说道，“到目前为止，上苍一直在眷顾着我们。”

“是吗？你是这么想，阿克赛尔？”

“是的。您瞧，就连暴风雨也在帮着把我们送到正确的道路上来呢！感谢上苍！是他在庇护着我们。如果天气晴朗，我们肯定是越走越偏，不知会走到哪里去了。您看呀，要是我们的船——我是说我们的木筏——真的抵达里登布洛克海的南岸的话，那会是个什么结果？我们肯定就不可能看到那两个缩写字母了，只会在海岸上‘盲人骑瞎马’，乱奔乱闯，找不到出路！”

“你说得对，阿克赛尔，我们当时确实是在往南行驶，可却回到了北面的萨克努塞姆海角，真乃天从人愿，天助我也！除此而外，我还真的不知如何解释这个令人惊讶的意外。”

“这没什么关系，用不着费心劳神地去解释它，只要能对它加以利用就行了。”

“也许应该这样，孩子，可是……”

“可是我们还应该继续往北走，从北欧的一些地区，比如瑞典和西伯利亚等地底深处穿过，可是，这要比在非洲沙漠或大西洋底下穿行强多了。”

“是呀，你说得对，阿克赛尔。无论在哪儿穿行，都要比在这片水平的大海上航行好得多。这大海也不知会把我们带到哪里去。现在，我们要往下去，往下去，再往下去！你知道，再往下去两千英里，我们就可以走到地心了。”

“哼，两千英里算得了什么！”我不屑地大声说道，“不值一提！咱们走！往下走！”

我们与汉斯会合了，但我同叔叔仍在继续我们那疯狂的交谈。行前准备已经就绪，所有的行李包裹都已搬上了木筏。我们登上木筏，扯起船帆，仍是汉斯掌舵。木筏沿着海岸向着萨克努塞姆海角驶去。

风向不很顺，风帆鼓不起来。因此，在许多路段必须用铁棒撑着木筏行驶。海上有不少的岩礁露出水面，迫使我们避让绕道，花了三个小时，终于在晚上十点钟光景到了一处宜于登陆的地方。

我第一个跳上岸去，叔叔和汉斯紧随我身后。刚才的航行非但没有让我热情减退，反而使我更加急不可耐，我甚至提出“破釜沉舟”的不留后路的建议，但被叔叔否定了，我反而觉得叔叔现在变得有点畏首畏尾了。“至少，”我说道，“应该抓紧时间，分秒必争，立即出发。”

“没错，是应该这样，但是，必须先查看一下这条新的坑道，看看是否需要用绳梯。”

叔叔说着便把路姆考夫照明灯点亮。木筏系在岸边，不用再去管它。坑道入口处离我们不足二十步，我打头，向坑道口走去。

坑道口近乎圆形，直径约有五英尺。坑道内漆黑，全都是裸露着的岩石，并留有火山喷发物的痕迹，这说明火山熔岩是从这个坑道口向地面喷发的。洞口的下端与地面持平，所以我们并没费事就爬了进去。

我们沿着几近水平的路面往里走去，但只走了六步，就遇上了一块拦路的巨大岩石。

“这该死的石头!”看到自己被它挡住去路，我不禁心里冒火，失声骂道。

于是，我们只好四下里寻找通道，但是，力气全都白费了，根本就没有任何岔道。我好不沮丧，根本不愿承认这一事实。我弯下身子，又仔细地寻来摸去，可是，连一条缝隙也没摸到。抬头向前看去，那岩石也严丝合缝，无裂隙可寻。汉斯举起照明灯，把石壁每个角落全都查遍了，也没找到任何出口。看来是无法通过了。

我一屁股坐在了地上，叔叔在坑道内焦躁地踱来踱去。

“可是，萨克努塞姆是怎么过去的呀?”我不服气地嚷道。

“是呀，”叔叔说，“他难道也被这只拦路虎给挡住前进不了了?”

“不!不会的!”我激动地嚷道，“这肯定是某种巨大的震动或者引发地震的磁力现象致使这块巨岩堵塞了坑道的。从萨克努塞姆返回到巨岩堵路，这中间经过了许多的年月。这条坑道从前曾是火山岩浆喷发的通道，火山喷发物就是从这儿流淌的。你们看，花岗岩石壁的顶部有许多新近形成的缝隙，是巨大石块重叠而造成的。这重叠状好像系某个巨人所垒叠的一般。有一天，推力突然加大，这岩石就如同没有安好的不稳当的拱顶石一样，滚落到地上，挡住了通道。萨克努塞姆走到此处时尚未出现这种堵塞。我们一定得把这个拦路虎去除掉，否则我们就到不了地心!”

我也变得狂热起来，与教授叔叔如出一辙，说起话来几近癫狂!我这是受到探险精神的鼓舞、激励，把过去的一切畏惧全都抛到了脑后，对未来的一切毫无所惧。我人在地底深处，对地面上的一切已全不放在心上了。城市、乡村、汉堡、科尼斯街，全都无所谓了。就连我那可怜的格劳班，我也把她忘了，她一定以为我永远地消失在地底深处了!

“好吧，”叔叔说道，“我们就拿起锹和镐，把这个石壁推倒!”

“岩石太硬，锹不行。”

“那就用镐！”

“岩壁太厚，镐也不行。”

“那如何是好？”叔叔无奈地问。

“用炸药炸！打好炮眼，埋上炸药，把这该死的家伙炸开！”

“用炸药炸！”

“对，只需炸开一个洞就可以过去了。”

“汉斯，动手干吧！”叔叔高喊向导。

汉斯立刻向木筏奔去，拿回一把镐来，准备挖炮眼。这事并不简单，得挖一个能放下五十磅火棉的炮眼才行。火棉的爆炸力要比火药大上四倍。

我既紧张又兴奋。汉斯在挖炮眼，我则忙着帮叔叔准备导火索。导火索是用湿火药放在帆布细管里制成的，弄得很长。

“这回我们可以过去了。”我说道。

“这回我们可以过去了。”叔叔重复了一遍我说的话。

午夜时分，火药已全部埋好，火棉放在炮眼里，导火索穿过坑道，通到洞外。

现在，只要一点火星，就可以引爆这个威力无比的炸弹。

“明天再引爆。”叔叔说道。

我只好再耐心地等待六个小时。

第四十一章　往下走

第二天，8月27日，星期四，这是我们地底探险之旅的大日子。现在，每当想起这一天，我的心仍旧因恐惧而怦怦直跳。自那一日起，我们的理智、判断力和机敏都发挥不了作用了，我们成了大自然威力的玩偶。

我们于早晨六点起身。我们将用火药在花岗岩地壳中炸出一条通道来。

我向叔叔要求由我来点燃导火索。我完成点火任务后，必须赶快返回载有我们的行李物品及两个同伴的木筏上，尽快离开海岸，避免遇到爆炸所带来的危险，因为爆炸威力巨大，完全有可能炸到坑道外来。

我们估计导火索点燃之后，得燃烧上十来分钟，才会引爆炸药，所以我有足够的时间回到木筏上。我已经做好了点燃导火索的准备，心里不免有点紧张、激动。

大家匆匆忙忙地吃完了早饭。叔叔和汉斯上了木筏，我则留在岸上。我手里拿着一盏点燃的灯，以备点火之用。

“去吧，孩子，”叔叔鼓励我说，“点完后马上回来。”

“放心好了，叔叔，我不会待在那儿玩的。”我轻松地回答道。

我立即向坑道口走去，抓起导火索，把灯移上去。

叔叔站在木筏上，手里拿着计时器。

“准备好了没有？”叔叔喊道。

“准备好了。”我坚定地回答。

“好！点火！”

我立即将导火索伸进灯里。导火索见火便着，发出噼噼啪啪的声响，我便立刻往木筏跑去。

“快上来！快离开！”叔叔喝令道。

汉斯用力一推，木筏便离开了岸边。不一会儿，木筏便已离开海岸有一百英尺远了。

这时候，大家的心全都悬了起来。叔叔的眼睛始终注视着计时器。

“还有五分钟，”叔叔说道，“还有四分钟……三分钟……”

我的心跳在加快，半秒钟就跳一下。

“还有两分钟……一分钟……花岗岩壁，你快倒塌吧！”

这时候到底发生了什么事？我怎么好像并没听见爆炸声？然而，我却发现岩石的形状突然间在起着变化，像是一个帷幔似的拉开来。海岸边出现了一个无底洞。大海被强烈震撼，巨浪涌起，把木筏托在浪尖上，几乎垂直立起。

我们全都被掀翻了。转瞬间，黑暗代替了光明。我随即感到木筏而不是我们的脚，失去了坚实的支撑。我以为木筏在径直坠入海底，但并没有如此。我本想冲叔叔喊一句，可是海水在咆哮，再怎么喊，叔叔也不可能听得见。

尽管周围一片漆黑，尽管大海在呼啸，尽管既紧张又害怕，但我对刚才所发生的事仍然记得很清楚。

在被炸开的岩石的背后，有一个无底深渊。爆炸在有许多缝隙的地面引发了地震，通往无底洞的路裂了开来，海水如洪水狂泻一般带着我们往下冲去。

我感到小命休矣！

不知道过了多长时间，有可能是一个小时，也有可能是两个小时。我们彼此紧挽着胳膊，紧攥着手，不让任何一人被甩出木筏。每当木筏撞到石壁，就会猛地一震，所幸这种撞击的次数非常少，因此，我推测这个坑道应该并不狭窄。毫无疑问，萨克努塞姆肯定是从这条坑道下到地心去的，只是因为我们的疏忽大意，没有像他那样自己下去，而是把大海的水也给带了下来。

当然，这些思绪只是朦朦胧胧，并不清晰地闪过我的脑海。我们当时正在被裹挟着往下坠落，已经是头晕目眩了，思维怎么可能会连贯呢？从吹在脸上的气流来判断，我们的下降速度肯定胜过火车的速度。这种时候，想点燃火把是不可能的，再说，我们最后的那盏路姆考夫照明灯也在爆炸中被震坏了。

突然间，我发现附近有一道光亮，我感到惊讶不已。汉斯的脸被照亮了，他一如既往地镇定自若。这亮光是汉斯点亮的一盏灯所发出来的。它的火苗虽然在摇曳晃动，随时都可能熄灭，但它毕竟给这一片黑暗带来了一线光明。

坑道确实很宽。亮光实在是太微弱了，无法同时看清坑道两边的石壁。水流下的坡度比美洲最湍急的激流的坡度都要大。水面如同一排猛力射出的箭流。有时，木筏遇上漩涡，但被裹挟着打着转儿地往下冲。当木筏靠近石壁时，我把汉斯点亮的灯拿过来照在石壁上，岩石的突出部分就变成了一条条连续不断的直线，我们则被紧紧地束缚在这张运动着的线网中间。根据这一情况，我大致估算出我们的速度应该是每小时九十英里。

我和叔叔紧紧地搂住爆炸时折断的桅杆，惶恐地张望着。我背对着风，免得被这快速运动的气流吹得透不过气来。

时间在流逝，情况并无任何变化。可是，这时候又出现一个意外，情况变得愈发复杂了。

我本想把行李物品加固一下；可是一看，大部分行李物品都没有了。肯定是被海水冲掉了！我想看看还剩下点什么，便举起灯来照看，仔细地检查。仪器只剩气压计和计时器了。绳梯没有了，绳索也只剩下绕在桅杆上的那一点点了。镐、锹、锤子也全不见了影踪。最糟糕的是食物丢失不少，剩下的顶多也就只够吃一天的。

我检查了木筏上的每一条缝隙，查看了树干的每一个角落，以及木板的每一个接合部，但一无所获。我们只剩下一块干肉和几片饼干。

这下子我可傻眼了。我没去想这种情况会产生什么后果。其实，我还有什么好害怕的！当食物足够我们吃上好几个月的时候，我担心激流把我们带进深渊之后，我们怎么回来？可现在，我们死的方式简直太多了，那又何必去担心饿死呢？也许还没等饿死，我们就已经死了！

可是，奇怪的是，饥饿的威胁竟使我忘掉了眼前的危险，心里只想着断粮的后果。我想，万一我们侥幸逃过激流这一劫，回到地面上了，没有吃的怎么办？至于如何逃脱，我并不知道。从哪儿逃？我也不清楚。反正，尽管逃生的机会微乎其微，但毕竟还是存在着这种机会。可是，没有吃的，那可如何是好？我们能扛几天？

我想把自己的想法告诉叔叔，让他知道断粮的危险迫在眉睫，并让他计算一下，我们还能存活几天。但我没敢吭声，怕打扰他，引起他的惊慌。

这时候，灯火在渐渐暗下去，最后竟完全熄灭了。灯芯烧没了。我们重又落入一片无法驱散的墨黑之中。还剩一支火把，可是却无法点燃。我像小孩似的，把眼睛闭上，不去看黑漆漆的空间。

又过了一段时间，我根据吹到脸上的风判断，觉得木筏的下滑速度加快了一倍。我们现在几乎是在随着猛泻的海水垂直坠落。叔叔和汉斯用手拼命地抓住我的胳膊，怕我摔下去。

不知过了多久，突然感到一震。木筏并未撞到什么东西，而是突然停止坠落了。一阵水流涌来，砸向木筏，我觉得透不过气来，快要淹死了……

不过，这阵似倾盆大雨的水流却没有持续。不一会儿，我便呼吸到了清新的空气。我贪婪地大口大口地呼吸着。叔叔和汉斯仍旧紧紧攥住我的胳膊，像是要把它们抓断。我们三人仍然活在木筏上。

第四十二章　最后一餐

我估计当时大约是晚上十点来钟，经这最后一次的撞击，我感官之中的听觉器官首先开始恢复常态。我几乎立即就听出来坑道里是一片沉寂，那长时间充斥在我耳朵里的海水咆哮的声响已经听不到了。这时，叔叔的声音如同窃窃私语一般传到我的耳边：

“我们在往上升！”

“什么往上升呀？”我不解地大声问道。

“没错，真的是在往上升呢！”

我伸开双臂，马上就缩了回来，因为手碰到石壁，划了道口子，流出血来。我们正在以极快的速度往上升。

“火把！火把！”叔叔喊道。

汉斯费了老大的劲儿，终于点燃了火把。火焰由下往上蹿动着，尽管我们在快速上升，但它的光亮仍足以照亮周围的一切。

“与我猜测的完全相同，”叔叔说，“我们是在一个直径不足二十六英尺的狭窄的井内。海水冲至洞底，便开始向上涌，一直上升到水平面的高度，因此，我们也就随之一起往上升。”

“上升到哪儿呀？”

“这我还不清楚，不过，得做好一切准备，什么事情都可能发生的。我估计我们的上升速度是每秒十三英尺，也就是说，每分钟上升将近八百英尺，每小时就是九英里。照此速度，我们很快就会升到地面上去的。”

“是呀，那得看会不会遇到阻碍，而且这口井是不是真的有出口。万一这口井的出口被堵塞住，万一空气在水柱的压力下逐渐被压缩，那我们就没有活路了！”

“阿克赛尔，”叔叔镇定自若地说，“尽管我们所处的几乎是个绝境，但毕竟还是会有生机的，绝处逢生嘛！诚然，我们随时都可能死去，但我们也随时会遇上生机。因此，我们得准备好，抓住一切可以逃此一劫的机会。”

“我们该准备什么呀？”

“吃点东西，恢复体力。”

听叔叔这么一说，我不禁悲从中来，终于不得不把自己本不愿说的话说了出来：

“吃点东西？”我重复了一句叔叔的话。

“对，马上就吃。”

叔叔转而又用丹麦语对汉斯说了一遍，只见汉斯在摇头。

“怎么？”叔叔惊诧道，“粮食全都被甩到海水里去了？”

“是的，就剩下……一块干肉了，得三个人分！”我无奈地说。

叔叔看着我，似乎不愿相信我说的是真的似的。

“现在，您还认为我们仍有生还的机会吗，叔叔？”

对我的话，叔叔没有回答。

一个小时过去了，我觉得肚子开始咕咕叫。同伴们也同样在忍受着饥饿的煎熬。但是，我们谁都不愿意去动那剩下的一点点可怜兮兮的食物。

我们仍然在以极快的速度往上飞升，快得几乎让我们喘不过气来，犹如往天空攀升得太快的飞行员们所感受到的那样。与飞行员不同的是，他们在往上攀升时，会觉得越来越冷，而我们则不然，温度在不断地升高，肯定已经达到四十摄氏度了！

温度的变化说明什么？在这之前，一切事实都在证明戴维和里登布洛克的理论是正确的：在耐热岩、电和磁的特殊的环境下，自然规律发生变化，使气温一直保持温和状态。可是，现在，我所一直认为正确的那个地心热的理论是否在重新得到证明？我们是不是将要进入一个能使岩石完全熔化的高温环境中去？对此，我感到十分担心，便对叔叔说道：

"即使我们不被淹死、压死或饿死，那也可能被活活烧死。"

叔叔没有吭声，只是耸了耸肩，随即又陷入了沉思。

又一个小时过去了，除了气温稍稍上升了点而外，其他一切如常。叔叔终于打破沉默，说道：

"嗯，我们还是应该做出决定。"

"做什么决定？"

"嗯，必须恢复体力。如果为了苟延残喘，多活几个小时，而省着吃这点剩下的食物的话，那我们将总是体虚力弱的，一直拖到咽下最后的一口气。"

"可是，叔叔，如果把这点肉一下子吃掉，那我们还剩什么可吃的呀？"

"没了，阿克赛尔，全吃光了。可是，你只看不吃，它就会增多吗？你的想法说明你是个优柔寡断、没有毅力的人！"

"难道您就不感到沮丧绝望？"我气愤地顶撞道。

"我不感到！"叔叔语气坚决地说。

"怎么？您还认为有逃此一劫的希望？"

"是的，肯定有！我认为一个意志坚强者，只要他的心脏还在跳动，他的肌肉还在绷着，他就绝不会沮丧绝望。"

这话多么铿锵有力！此时此刻，敢于这么说的人定然不同凡响，具有超凡的毅力。

“那您到底打算怎么办呢？”我问道。

“把剩下的东西全都吃掉，充分恢复体力。这将是我们最后的一餐，就最后好好地吃上一顿吧。至少，我们将重新成为一个男子汉，不致奄奄一息，苟延残喘。”

“那好，吃就吃吧！”我赞同道。

叔叔把未被大海吞噬的那块干肉和饼干拿了出来。平均分成三份，每个人大约分到将近一磅的食物。叔叔不顾身份，大口地吃着，几乎是在狼吞虎咽。我虽然也饿得厉害，但却并未觉得好吃，反而感到有点反胃。汉斯则平静而有节制地默默地小口咀嚼着，像是在品尝美味食品一般，对迫在眉睫的危险显得无动于衷。汉斯还仔细地寻找了一番，终于找到半壶刺柏子酒，拿来给我叔叔喝。这种甜味酒有益健康，我觉得精神稍稍振作起来了一点。

“真好喝！”轮到汉斯喝的时候，他用丹麦语说道。

“真好喝！”叔叔也重复了一句。

尽管最后的一点食物全都吃掉了，但我心中还是燃起了一线希望。此刻是早晨五点。

人生来就是这样：健康的时候想不到生病时的痛苦；吃饱喝足了的时候体会不到挨饿的可怕。只有饥饿的人，才能体会得到饿的难熬。一旦不饿了，就不会再去想饿的问题了。我们正是如此，吃了点干肉和饼干之后，劲头儿马上上来了，把刚才的饥饿难耐的痛苦忘到脑后去了。

吃完了这最后一餐，大家都各自陷入沉思。汉斯这个生在西方却具有东方人的宿命论的人，此时此刻在想些什么？而我，我的脑海中浮现的全部都是回忆。我想到了地面上的人和物，我真后悔离开那儿。科尼斯街的房屋、我亲爱的格劳班、善良的玛尔塔……这一切的一切，全都在我的脑海中闪现。在穿越地球时所听到的巨大轰响，让我觉得似乎是城市的车水马龙，喧嚣繁闹。

叔叔手举火把，仔细地观察研究着地层的性质，想以此为据，辨别出我们所处的位置来。他根据观察研究进行的计算，或者确切地说是估算，是很粗略的。不过，学者总归是学者，当他头脑冷静的时候，他就永远不失为一位学者，里登布洛克教授在这方面就是一个典型的例子。

我听见他念叨着一些地质学上的名词，这些名词我也听得懂，明白它的意思，因此，渐渐地便对叔叔所进行的观察研究和计算产生了兴趣。

“火成花岗岩，”他在念叨着，“这仍然是原始时期；可是我们正在往上升！一直在往上升！说不定……”

说不定……谁知道呢？他一直怀有希望。他用手试着触摸那垂直的石壁，不一会儿，他又说道：

“这是片麻岩！这是云母片岩！好，很好，我们很快就会上升到过渡时期地层了，如此说来……”

叔叔这话是什么意思？他竟能计算出我们头顶上方的地壳厚度来？他用什么方法计算的呢？这不可能！他没有气压计，什么都代替不了气压计的呀！

气温在不断地攀升，我觉得周围的空气都有点灼热感了。只有在炼铁厂的高炉房才会感觉得到有这么高的温度。我们三人都奇热难耐，只好脱去上衣和背心。这么灼热，身上穿什么都觉得难受，很不舒服。

“我们会不会最后上升到一个大熔炉里去？”此刻温度增高了一倍，我忍不住叫喊起来。

“不会的！绝不可能！”叔叔坚定地回答道。

“可是，”我边说边触摸了一下石壁，“这石壁好烫手啊！”

我边说边把手缩了回来。手碰到了水面，但我立刻也把手缩了回来。

“水好烫啊！”我叫嚷道。

叔叔没有回答，却做了个非常愤怒的手势。

这时候，我的脑海中被一种突然升起的恐惧感盘踞着。我怎么也无法将它挥去。我感到马上就会大难临头，简直不敢再往下想了。一种开始时还模模糊糊的念头，现在渐渐地变得清晰起来。我尽力地想把它摒弃掉，但它却顽固地赖着不走，挥之不去。我没敢把它说出来。但是，不说并不代表不存在。一些我不经意地观察到的迹象却在证实我的想法。凭借火把的微弱的光亮，我注意到花岗岩层在无序地运动着。很明显，有某种自然现象很快就会出现，造成它的原因在于电、高温和沸水！……我决定看一看罗盘。

罗盘的指针在疯狂地抖动着。

第四十三章　爆炸

没错，罗盘的指针疯狂地抖动着！它在剧烈地摇摆着，像患上晕眩症似的，一跳一跳的，把罗盘表面的各个点都跳到了，还在没完没了地跳着。

根据公认的理论，地球的磁力层从不是完全静止的；地球内部物质的分解、潮起潮落以及磁场作用，都能造成磁力层的变化和不停的震动，只不过这一切居住在地球表面的生物感觉不到而已。因此，对于罗盘指针的这种疯狂状况，我并不觉得可怕，至少没有因此而产生恐惧的想法。

然而，很快便又出现其他一些特别的情况，让我不敢掉以轻心：爆炸声越来越频繁，且越来越响亮，那声响如同马车疾驶在石板路上所发出的声音一样。这是持续不断的雷鸣。

受到雷电影响的罗盘指针在更加疯狂地晃动，这更加证实了我的判断。磁力层可能会出现断裂，花岗岩块可能会合拢，裂缝可能会合并严实，空隙可能会被堵死，我们这几个可怜兮兮的些微生物肯定会被挤扁压碎的。

“叔叔！叔叔！”我大声喊道，“我们完了！”

“又怎么了?”叔叔十分平静地回答道,“出什么事了?”

“怎么了?您瞧呀!石壁在抖动,石块在断裂,温度灼热,水在沸腾,蒸气在聚集,罗盘指针在疯狂跳动,这是地震的前兆呀!”

叔叔轻轻地摇了摇头。

“地震?”他不信地说。

“是呀。”

“你想错了,孩子。”

“怎么?您难道看不出这些征兆……”

“是地震前的征兆?不,我想比地震要好些。”

“您这是什么意思?”

“是火山爆发,阿克赛尔。”

“火山爆发!”我惊呼道,“那我们现在是不是在火山管里呀?”

“我想是的,”叔叔微笑着说,“这对我们来说可是一件大好事啊!”

大好事?叔叔是不是神经出了毛病?他这话是什么意思?他为什么这么镇静,而且还面带微笑?

“什么?”我惊呼道,“我们真的碰上火山爆发了?命运真的把我们给抛到炽热的岩浆、滚烫的岩石、沸腾的海水和所有火山喷发物的必经之路上了?我们将随着岩石块、火山灰、岩渣雨,在火焰中被推来抛去,被喷射到空中,这是大好事呀?”

“是的,”叔叔透过眼镜上方看着我说,“这是我们回到地面的唯一机会!”我脑海中浮现出成百上千种想法。最后,我觉得还是叔叔说得对,完全正确。他正在镇定地预期着、计算着火山爆发的可能性。我觉得自己还从未见过叔叔像现在这样的坚定沉着,信心满怀。

我们仍然在继续往上升,而且已经往上升了整整一夜了。周围的爆裂声更加响亮;我几乎喘不上气来,憋闷得厉害,仿佛感觉到生命就要止息了。不过,人真的很奇怪,这种时刻,我竟然在搜索自己的童年往事。可我又无力摆脱这种浮想联翩，只好任由自己的思想去驰骋。

显然，我们是因火山爆炸的推力而被推着往上升的。木筏下面是沸腾的水，而水的下面则是混杂着石块的岩浆，岩浆流到火山口，就会向四下里喷射而出。可以肯定，我们正是在火山管里。

然而，我们此次可不是置身于斯奈菲尔死火山中，而是处于一座正在发威的活火山里。因此，我便不由得猜想着我们这是在哪一座火山里呀？我们将会被喷射到什么地方去？

毋庸置疑，我们肯定是被喷射到北方地区。罗盘指针在疯狂晃动之前，是一直在指着北的。自打离开萨克努塞姆海角，我们已经往北走了上百英里了。我们此刻是不是已经回到冰岛的地底下了？我们将会被赫克拉火山喷射出来呢，抑或是被该岛的另外七座火山中的一座给喷射出来？在这个纬度上，我只知道西面的美洲大陆西北岸有一些不知名的火山，而东面则只有一座名为埃斯克的火山，位于北纬九十度的让·麦扬岛，离斯匹兹堡①不太远。说实在的，这一带火山很多，一支庞大的军队都能被喷射出来。可我们究竟会被哪一座火山给喷射出来呢？我脑子里就一直在这儿胡思乱想。

黎明时分，我们的上升速度明显地在加快。在接近地面时，气温非但没有下降，反而在继续升高。这是火山的影响使然。至于我们因何会往上升，是什么力量在推动我们，这我已经非常清楚了：这股有好几个大气压的巨大推力是积聚在地下的水蒸气产生的。然而，这股巨大的力量也使我们面临着许许多多的危险。

很快，垂直的火山管逐渐地变得又宽又阔，里面迅速出现黄褐色的反光。我看到管道两边有许多很深很深的坑道，如同一根根巨型管子，在往外喷射浓浓的蒸气。而且有火舌在舔着坑道的侧壁，

---

① 又译为斯匹茨卑尔根岛，是挪威斯瓦尔巴群岛中最大的岛。

发出噼噼啪啪的声响。

“你快看，你快看，叔叔！”

“嗯，那都是含有硫黄的火焰。火山爆发时，自然会出现这种情况。”

“可是，这火焰如果聚在一起，把我们包围住，那可如何是好？”

“不会出现这种情况的。”

“即使不被包围住，也可能让我们窒息而死的呀！”

“不会的。火山管在逐渐变得宽阔起来，万不得已，我们也可以弃木筏而钻到裂缝中去躲躲的。”

“那还有水呢！水还在继续往上涨！”

“已经没有水了，阿克赛尔，有的只是一种黏稠的岩浆，它在上升的同时，也把我们给推上火山管的出口了。”

水确实是没有了，被黏稠而沸腾的火山喷发物所取代。气温高得灼人，难以忍受，如果用温度计去测试一下，肯定达到七十摄氏度！我已汗流浃背，幸好，上升的速度很快. 否则必死无疑。

不过，叔叔并没有像刚才所说的那样，弃木筏而躲避，他这么做是对的。那几根胡乱捆扎在一起的树干为我们提供了一个宽大而平坦的坚实立足点。

将近上午八点光景，一个新的意外出现了。我们骤然间停止了上升。木筏一动不动地停住了。

“怎么了？”这骤然一停，我差点被摇晃倒下，不禁惊讶地问道。

“暂时停止上升了。”叔叔回答道。

“是火山终止爆发了？”

“但愿没有。”

我站稳了，往四下里望去。也许是木筏突然被突出的岩石卡住了，所以暂时地抗住了火山喷发物的往上的强大推力。如果真的如此，那就得赶快想法让木筏从卡住的地方挪出来。

然而，情况并非如此，是火山灰、岩渣和碎石本身停止了上升。

“是火山爆发停止了吧？”我忙问道。

“嗨，别担心，孩子，”叔叔咬紧牙关说道，“这种平静只不过是暂时的，已经延续了有五分钟了，马上就又会继续往火山口升上去的。”

叔叔边说边不住地看看计时器。事实证明，他的判断又是正确的。不一会儿，木筏又开始不规则地快速地往上升去。大约往上升了有两分钟的工夫，就又停了下来。

“嗯，”叔叔看了看计时器说，“用不了十分钟，它又会往上升的。”

“十分钟？”

“是呀。这是一种间歇火山。它是在让我们同它一起喘口气，歇歇脚。”

叔叔简直是金口玉言。到了他估计的时间，我们又以极快的速度往上升去。速度太快，必须紧紧抓住筏子，否则肯定会被甩出去。随后，上升再一次停止了。

对于这种奇怪现象，我琢磨了很久，总也没弄明白。不过，我觉得，有一点是很明显的，我们所在的坑道并不是主要的喷发管，而是一个靠近它的次喷发管，因此才受到主喷发管的影响，被推力向上推去。

这种升升停停的情况到底重复了多少次，我说不清。反正，我知道每次重新往上升时，推力都在增大，我们则变成了货真价实的喷发物，被往上喷射着。每当木筏停止上升，我们就感到憋闷得受不了；可是，在快速上升时，空气炽热，我们也同样喘不上气来。我梦想着此刻身在北极严寒地带，零下三十多摄氏度，那就太美了！我在这么梦想着的时候，脑海中就出现了北极的冰天雪地。真想在它上面又跳又蹦又打滚！可是，这种反复的骤停，每次都让我狠撞一下，脑袋被震得都快要裂开了。幸亏汉斯总在关键时刻用他那有力的大手将我拉住，否则我的脑袋早在花岗岩石壁上撞开花了！

因此，对这之后的几个小时里所发生的事情，我记得并不清楚。我只是模模糊糊地感到爆炸声不断，岩石一个劲儿地颤动，木筏一个劲儿地旋转。在那如雨一般的纷纷落下的火山灰里，木筏随着岩浆的波浪忽上忽下地起伏着，周围满是呼呼叫着的火焰。波浪扇起风来，把这地下火焰吹得越来越旺。汉斯的面庞最后一次映照在火光之中，我看着直感心里发毛，他就像是一个被绑在炮口的罪犯，炮声一响，他的身体将在空中四分五裂，踪影不见。

第四十四章　我们在哪儿

当我重新睁开眼睛时，我感到汉斯那强有力的大手正抓住我的腰带，而另一只手则在抓住我叔叔。我并没伤到哪儿，只是感到浑身酸疼而已。我发现自己躺在一个离深渊并不太远的山坡上，稍稍一动，就有可能跌落下去。当我在火山口边上滚动时，是汉斯把我从死神的手中夺回来的。

“我们在哪儿？”叔叔问道，听他的口气，我觉得他因我们又回到了地面而颇有点恼怒。

汉斯只是耸了耸肩，没有吱声，看样子他也搞不清楚。

“在冰岛吧？”我试问道。

“不。”汉斯回答。

“怎么，这儿不是冰岛！”叔叔大声地说道。

“汉斯想必是弄错了。”我边说边站起身来。

我们一路上没少遇上令人惊讶的事情，而这时我们又一次地感到惊诧了。我本以为在北方干燥的荒无人烟的地方，在北极天空那苍白的阳光下，看到终年积雪的火山锥，可是情况并非如此，我们此刻是在一个半山腰上，太阳炽热，烘烤着我们及这整座的山。

我简直无法相信自己的眼睛，可是，太阳正暴晒着我的身体，我又不得不相信这一事实。我们半裸着身子，离开了火山口。两个月来，我们没有见到过一丝阳光，可现在，太阳却毫不吝惜地把光和热洒在我们的身上。

等我的眼睛逐渐地习惯了强烈的光线之后，我逐渐地把周围的景物看得更真切更清楚了，我至少敢于肯定我们现在是在斯匹兹堡，而且我绝不轻易放弃自己的看法。

叔叔首先开言道：

“这儿确实不像是冰岛。”

“那么就是让·麦扬岛啰?”我回答道。

“不，也不像，孩子。从花岗岩山坡和山顶的积雪来看，这儿不是北方地区的火山。”

“可是……”

“你看，阿克赛尔，你看!”

在我们头顶上方不到五百英尺的地方，火山大张着嘴，每隔一刻钟便爆炸声不断，喷出一股又高又大的火柱，夹带着浮石、火山灰和岩浆。我感到山体在抖动，如同鲸鱼在呼吸，火焰和空气从它那巨大的鼻孔里不时地喷出来。在我们的脚下，火山喷发物正沿着陡峭的山坡一层层地往下流淌着，一直延伸至七八百英尺的深处，使人觉得火山的高度在变矮，都到不了两千英尺。山脚则隐匿在郁郁葱葱的树林中。我可以辨别得出那树林中有橄榄树、无花果树和紫葡萄挂满枝头的葡萄藤。

很显然，北极地区是不会有这番景色的。

放眼远眺，越过这片绿色树林，便可看到美丽的海水和湖水，而我们脚下的这块迷人的陆地顶多只是一个宽度为几英里的小岛。东面有一个小港口，港口上有几座房屋，港口内有几只外观奇特的船只停泊着，在蓝色的水面上随着波浪一起一伏的。稍远处，水面上浮现着无数小岛，多若蚁群。西面，远处的海岸在地平线上呈一道弧线。有些海岸矗立着蓝蓝的山脉，轮廓优美壮丽；在另一些更远的海岸上，立着一座非常高耸突兀的火山锥，一层烟云在顶上缭绕。北面，水面广阔无垠，波光粼粼，可以见到无数的桅杆顶和鼓起的风帆。

这番景色出人意料，别有一番美丽藏在其中。

“我们这是在哪儿呀？我们这是在哪儿呀？”我又悄声地说道。

汉斯漠然地闭着眼睛；叔叔则疑惑地望着眼前的景色。

“不管这是什么火山，”叔叔终于说道，“反正这儿挺热，而且爆炸尚未停止，我们既然好不容易从火山里逃出来，就不是为了让岩石把自己的头砸碎，所以，我们还是往山下走，看看究竟是在什么地方，总归会有办法的。何况我都快要渴死了，饿死了！”

看来叔叔也不是个有远见的人。换了人，我就决定忘掉饥饿与疲劳，在此多待一段时间。但我不得不跟着叔叔他们走。

火山喷发出来的石头把山坡弄得更加陡峭难行。我们躲开一条条似火蛇一般蜿蜒流淌的岩浆，在火山灰中往山下滑去。往下滑行的时候，我脑子里浮现出很多东西，实在是憋不住，便不停地说起来。

“我们这是在亚洲，”我大声嚷道，“在印度的海岸边，在马来西亚附近的群岛上，要不就是在大洋洲的中心！我们已经穿过了大半个地球，到了与欧洲相对的另一端。”

“你看了罗盘没有？”叔叔问道。

“啊，罗盘！”我尴尬地说，“照罗盘的指针来看，我们却是一直在往北。”

“这么说，罗盘有问题？在欺骗我们？”

“噢，那倒不是！”

“那这儿就是北极啰？”

“北极？不是的，不过……”

这事真是蹊跷得很，我也不知道该如何看待了。

这时候，我们已经快走到那片在山上远眺时看着十分美丽壮观的绿树林了。我口渴得厉害，肚子也在咕咕直叫。两小时后，我们颇为幸运地来到一处可爱的地方，满眼的橄榄树、石榴树和葡萄树，好像它们属于每个人所有似的。我们已是精疲力竭、饥渴难耐之人，见到这么多好东西，还管他什么礼仪身份！把这些美味可口的水果贴在唇上舔一舔，闻一闻，再把那一串串的紫红紫红的葡萄送到嘴里大口大口地咀嚼，那是多么的畅快，多么的美不胜言啊！不远处，在令人感到凉爽的树荫下的草丛中，我发现了一眼清澈的泉水，我们立刻将手和脸浸在泉水中，从外到里地感到阵阵的爽快清凉。

当我们正这么心旷神怡地歇息着的时候，突然发现在两丛橄榄树之间有一个小孩。

“啊！”我惊呼道，“我看到这幸福天地中的一个居民了！”

那是个衣衫破破烂烂、满脸透着病容的可怜的孩子。他在发现我们时，不禁感到十分恐惧。是呀，我们是够让人望而生畏的，身子半裸着，头发乱蓬蓬的，胡子拉碴，没有个人的模样，除非这儿是盗贼强徒的巢穴，否则谁见了我们都会不寒而栗。

那可怜的孩子正想拔腿就逃，被汉斯追上去抓住了。汉斯也不管他又喊又叫又蹬又踢的，硬是把他拉了过来。

叔叔想方设法地尽量地在哄着他，并用纯正的德语问他道：

“这座山叫什么名字呀，小朋友？’’

那孩子没有吭声。

“嗯，看来我们现在并不是在德国。”叔叔说道。

接着，叔叔又用英语问了一遍这同样的问题。

那小孩仍旧没有回答。我感到颇为惊讶。

“他会不会是个哑巴呀？”叔叔大声说道，然而，我的这位对自己精通多门外语颇感自豪的叔叔又改用法语问了一遍。

那孩子仍然没有应答。

"那就用意大利语试试看吧，"叔叔自言自语地说完后，又用意大利语问起小孩来，"这是什么地方呀，孩子？"

"是呀，这是什么地方呀？"我也焦急不安地跟着问了一句。

"这孩子怎么搞的？还会不会说话呀？"叔叔有点动气了，他扯住那孩子的耳朵摇晃着说，"这座岛叫什么名字？"

"斯德隆布利岛①。"那乡下小孩只说了这么一句，就立即挣脱汉斯的大手，撒腿逃走，穿过橄榄树丛，奔向平原。

我们随即便把这个孩子忘到脑后了。斯德隆布利岛！这个意想不到的名字在我的脑海中产生了什么样的反应啊！我们现在是在地中海，是在充满着神话传说的伊奥利亚群岛②中那一座过去被称作斯德隆吉尔的小岛上，风神伊奥利亚在这一带呼风唤雨。东面的那座圆弧形的蓝蓝的山脉就是卡拉布利亚山！而突兀在南边地平线上的那座火山就是高大凶猛的埃特纳火山③。

"斯德隆布利岛！斯德隆布利岛！"我重复着喃喃自语。

叔叔边做手势边嘟囔，与我应和着。

啊，多么奇妙的探险之旅啊！我们从一个火山下到地下，又从另一座火山里钻了出来，而这后一座火山竟远离斯奈菲尔火山，离冰岛那人烟稀少的国土足足有四千英里。我们的这次旅行竟然出乎意料地最终到达了地球上最祥和美好的地方。我们离开了冰天雪地、灰雾浓浓的北极地区，却一下子到了满目翠绿、天高云淡的西西里岛！

---

① 又译作斯特隆博利岛，是伊奥利亚群岛的一部分，拥有规律性喷发的活火山。

② 位于西西里岛北侧第勒尼安海中，得名于波塞冬之子埃俄罗斯。

③ 意大利著名的火山，海拔 3313 米，位于西西里岛东北部。

吃了甜美多汁的水果，喝了甘洌清纯的泉水后，我们踏上征程，向斯德隆布利港走去。我们从遥远的地方这么奇异地来到这儿，这绝对不能讲给当地居民们听的，意大利人非常迷信，让他们知道了，肯定会把我们看作是从地狱里冒出来的妖魔，只能说我们是远行者，船触礁沉没，侥幸脱险。这么说显然不太光荣伟大，但却可以确保安然无事。

一路上，我老听见叔叔在嘟嘟囔囔：

“怎么搞的？罗盘怎么会指着北呢？这是什么缘故呀？”

“其实嘛，”我不屑地说，“去解释它干什么呀？别解释不就完了！”

“不解释清楚怎么行呀！堂堂一位约翰大学的教授，连一种自然现象都弄不清楚，那还能算是教授吗？”

叔叔说完此话，便半裸着身子，腰里缠着皮钱袋，眼镜架在鼻梁上，重又变成了严谨认真的地质学教授了。

离开橄榄树林一个小时之后，我们走到了圣维桑齐奥港，汉斯在此讨要他的第十三周的薪酬，叔叔把钱如数付给了他，并热烈地握了握汉斯的手。

这时候，汉斯尽管没有像我们一样自然地流露出激动的感情，但却不经意地做了一个平常并未见他做过的动作。

汉斯用指尖轻轻地触了一下我们的手，脸上露出了笑容。

第四十五章　尾声

这段探险故事就这么结束了。有很多人凡事都持怀疑态度，他们是不会相信这是个真实的故事的，不过，我对人们的怀疑早就习以为常，见怪不怪了。

斯德隆布利岛上的渔民们一向善待遇难船只上的人，所以十分友好和善地接待了我们，给了我们衣服和食物。等待了四十八个小时之后，我们终于在 8 月 31 日坐上了一只平底小船到了墨西拿①，在那儿歇息休整了几日，疲劳全部消失了。

9 月 4 日，星期五，我们搭乘法国皇家邮轮“沃尔国纳”号，三天后，在马赛港踏上法兰西国土。这时，我们的脑海中始终缠绕着一个问题：那该死的罗盘到底是怎么回事？我实在是想不出个所以然来，心里好不烦恼！9 月 9 日晚，我们回到了汉堡。

玛尔塔见到我们是多么惊讶，而格劳班则是多么高兴，我就不加赘述了。

---

① 意大利城市，位于西西里岛东北角，与亚平宁半岛的南端隔海相望。

“你现在成了大英雄，”我亲爱的未婚妻格劳班对我说道，“就不用再离开我了，阿克赛尔！”

我爱怜地看着她，她一脸的悲喜交加。

里登布洛克教授的归来是否在整个汉堡引起了轰动，我就不去说了，留待读者们自己去猜想吧。由于玛尔塔心直口快，里登布洛克教授深入地心探险、安然无恙地归来的消息不胫而走，传遍了全世界。可是，人们并不相信真有其事，尤其是见他平安归来，就更加不相信了。

可是，向导汉斯回到冰岛之后，从那边传来的一些消息，逐渐地改变了一些人们的看法。

这么一来，叔叔简直成了伟人，而我因沾了这位伟人的光，也跟着伟大起来。汉堡市为我们举行了盛大的庆祝会。约翰大学也组织了一个报告会。叔叔介绍了我们此次探险之旅的详情，但没有提及那只怪诞的罗盘。同一天，叔叔便将萨克努塞姆的那封密码信存人汉堡市档案馆，并且强调指出，尽管他矢志不移，坚定顽强，但迫于无法抗拒的客观因素，他未能沿着那位冰岛探险家的足迹一直深入到地心，对此，他深感遗憾。面对着偌大的荣誉，叔叔表现得极其谦虚，这使他更加声名大振。

获得殊荣难免会招来忌恨。虽然他的理论有事实作为依据，但毕竟与地心热量的科学体系相悖，因此，他与全世界的科学家们进行了无数次的笔战和舌战。

而且我也不同意他的地心冷却说。尽管我亲身经历了地心探险，亲眼目睹了一切，但我仍然认为地心存在着热量。不过，我也承认，在自然现象的作用下，一些未知因素是可能改变这一科学理论的。

这期间，有一件事让叔叔打心眼里觉得非常遗憾：汉斯不顾叔叔一再地挽留，坚持要回冰岛，最后不得不让他走了。我们一路上可没少欠他的情，可他却不给我们回报他的机会。他也是实在太想他的冰岛了！

“再见了！”有一天，汉斯这么说了一句就离开了我们，回雷克雅未克去了。他回到家乡后，非常高兴。

我们真的是舍不得这位冰岛向导。在紧急关头，他曾救过我们的命，令我们终生难忘。我想在我生命完结之前，肯定还能与他见上一面的。

最后，我还得指出一点，这本《地心游记》轰动了全世界。该书被翻译成多种文字印刷出版。其中的主要章节被各国最享有读者缘的报章杂志买去版权，登载出来，以至许多人，无论是相信的还是怀疑的，都在热烈地谈论着它，观点针锋相对，唇枪舌剑，争论不休，其关注程度实属罕见。叔叔终身享受着他所获得的所有荣誉，甚至根据巴尔努先生的建议，美国高薪聘请他前去巡回演讲。

然而，美中仍有不足。有一件事让叔叔很是苦恼，甚至可以说很是痛苦。那就是罗盘指针为何总指向北这一不得其解的问题。对于一位像叔叔这样的科学家来说，一种无法解释的现象简直就是对他心灵的折磨。幸好，天从人愿，上苍为叔叔准备了无憾的快乐。

有一天，我在他的书房里整理一大堆矿物标本时，突然发现了那个该死的罗盘。于是，我便动手去仔细地检查它、观察它。

这只罗盘在一个旮旯①里放了都有半年了，它可根本就没有意识到自己给我们带来了这么大的麻烦和这么大的烦恼。

突然间，我失声大叫起来。叔叔听见我的尖叫，立刻跑了过来。

“怎么了？”叔叔慌忙问道。

“罗盘……”

“罗盘怎么了？”

“罗盘指着南，而不是北。”

“你说什么？”

---

① gā lá，角落。

“您看呀，它的南北极正好倒了个个儿。”

“倒了个个儿！”

叔叔看着，试着颠来倒去，比来比去，然后，猛地跳了起来，房子都震动了一下。

我和叔叔仿佛顿有所悟，茅塞顿开！

“原来是这么回事啊，”叔叔稍许平静了点儿之后说道，“在我们到了萨克努塞姆海角以后，这个该死的罗盘就把北指向南了！”

“显然是这么回事。”

“这样，我们的错误就可以解释清楚了。可是，到底是什么原因让罗盘的两极颠倒了过来呢？”

“这其实很简单。”

“那你说说看，孩子。”

“里登布洛克海上暴风雨袭来时，不是有一个大火球滚落到木筏上吗？这个大火球把木筏上的铁器全部给磁化了，罗盘上的指针当然也不可能例外。”

“啊！”叔叔突然哈哈大笑，大声说道，“这么说，是电捣的鬼呀！”

自那一天开始，叔叔就变成了一位最快乐的科学家了，而我则因娶了我心爱的格劳班而成为最快乐的男人。格劳班现在不再是教授的养女了，而是教授的侄儿媳妇和我的妻子，成了科尼斯街那幢老屋的正式成员。大名鼎鼎的里登布洛克教授也是她的叔叔了。现在，这位里登布洛克教授已经名扬四海，是世界各大洲所有科学、地理和矿物学会的通讯会员。